影响世界的
100个印刷故事

李 英 著

100 Events
That Changed The World:

THE
Perspective
of
Printing

中原出版传媒集团
中原传媒股份公司

大象出版社
·郑州·

图书在版编目（CIP）数据

影响世界的 100 个印刷故事 / 李英著. — 郑州：大
象出版社，2022. 3
ISBN 978-7-5711-1253-0

Ⅰ. ①影… Ⅱ. ①李… Ⅲ. ①印刷史-文化史-世
界-普及读物 Ⅳ. ①TS8-091

中国版本图书馆 CIP 数据核字（2021）第 256831 号

影响世界的 100 个印刷故事
YINGXIANG SHIJIE DE 100 GE YINSHUA GUSHI

李 英 著

出 版 人　汪林中
策划编辑　张前进　杨　兰
责任编辑　杨　兰
责任校对　牛志远
装帧设计　王莉娟
封面设计　海　海

出版发行　**大象出版社**（郑州市郑东新区祥盛街 27 号　邮政编码 450016）
　　　　　发行科　0371-63863551　总编室　0371-65597936
网　　址　www.daxiang.cn
印　　刷　北京汇林印务有限公司
经　　销　各地新华书店经销
开　　本　890 mm×1240 mm　1/32
印　　张　10.375
字　　数　190 千字
版　　次　2022 年 3 月第 1 版　2022 年 3 月第 1 次印刷
定　　价　58.00 元
若发现印、装质量问题，影响阅读，请与承印厂联系调换。
印厂地址　北京市大兴区黄村镇南六环磁各庄立交桥南
　　　　　200 米（中轴路东侧）
邮政编码　102600
电　　话　010-61264834

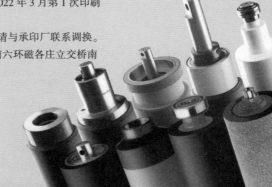

前　言

　　众所周知，古代非洲，特别是古埃及曾创造出灿烂的文明。而后，伴随造纸术的发明发展，印刷术的发明进步，文明之花在东方中国绽放。随着欧洲印刷工业的崛起，文明之光再次转移了方向。这是今天我们透过历史的长河能够总结出来的文化现象，同时也给予当代以启示，那就是：文化传承传播技术是引领文明发展进步的前提和杠杆。那么，下一个世界文明的中心在哪里？大致能够找到答案，应当是"得网络者得天下"。

　　中国是印刷术的故乡。在漫长的人类文明进程中，勤劳智慧的中华民族发明了印刷术。这项重大发明，既使历史悠久、博大精深的中华文化得到广泛传承，又使中华文化得以同世界交流、向世界传播。自印刷术发明以来，一方面印刷术依靠文明交流互鉴不断创新，硕果累累；另一方面印刷术本身又是推动文明交流互鉴的重要工具，为促进人类文明进步及文化多样性做出了巨大贡献。

　　但自鸦片战争开启中国近代史以来，中华文化的影响力式微，对意识形态的偏见又加深了一些国家对中国的误解。虽然印刷术发明自中国，但印刷史这门学科的兴起却源自西方，因而，印刷史学基本是西方话语体系构建的。在新时代，

2005 年，香港发行的《中国古代四大发明》特别邮票

讲好中国印刷故事的重要性从未像今天这般凸显。我们不仅要讲好自己的故事，也要讲清楚世界的故事，只有这样才能不断消弭因信息不对称产生的隔膜。既要讲印刷术的东方传奇，也要讲印刷术的全球传播；既要讲中国印刷故事，也要讲世界印刷故事；既要彰显印刷术的伟大贡献，也要直面历史虚无主义的思想乃至敌意。回应历史虚无主义挑战的最好方法，便是将中国故事置于世界环境中，用历史和今天的对比，用东方和西方的对比，打破近代以来形成的西方学术话语体系，构建当代中国话语体系，开口讲中国，睁眼看世界，在"横看成岭侧成峰"中凝聚共识。

用讲故事的方式，连接中外、沟通世界，就是写作本书的初心。因为一个个故事，能将中国和外国印刷史长河中的人和物、技和艺都串联起来。一个个故事，微言大义，启发思考。试想，如果没有印刷术的发明，中华文明能否在中世纪独树繁华？中华文化又能否薪火相传？西方能否结束"黑暗时代"？

书中自有答案。本书不仅有中国毕昇，还有好多你既熟悉又陌生的"外国毕昇"；既有印刷的书籍图片，也有印刷的扑克、钞票、邮票……本书立足于历史的、生动的世界各国印刷文化图片，以期讲好"我们的印刷术，世界的印刷术"的故事。

文明因交流而多彩，文明因互鉴而丰富。愿本书的出版能推动国际印刷史学界开展更多的交流和互鉴。

中华民族在印刷领域曾经独树一帜，印刷术曾在世界各地落地生根，开枝散叶，绽放一"术"繁花。新的时代，期待科技工作者们重拾自信，再创辉煌。

目 录

第四章　北美洲印刷历史故事

第五章　南美洲印刷历史故事

第一章

印刷术的历史

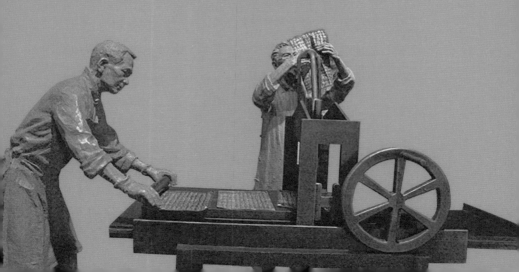

印刷术这个词对于中华民族来说，既附有文化属性，也赋有技术属性，还富有特殊的民族感情。它不仅是众所周知的中国古代四大发明之一，还被人们誉为"文明之母"。在马克思的眼中，印刷术是"工具"，是"手段"，也是"杠杆"；在恩格斯的笔下，印刷术是"启蒙者"，也是"崇高的天神"。中国人最早发明了雕版印刷术，为了适应各种需求，在印刷工艺和方法等方面不断创新，又相继发明了泥活字印刷、木活字印刷、金属活字印刷、纸币印刷、版画印刷、套色印刷、饾版和拱花印刷，以及磁版印刷和泥版印刷等。这些技术之光星罗棋布、异彩纷呈。在印刷材料方面，除版材不断更新优化之外，印墨技术也不断改善和进步。总之，在古代印刷史上，中国人有着一系列的丰富发明并持续创造创新，对人类文明和社会进步做出了巨大贡献。

1   什么是印刷术？

提到印刷术，人们脑海中就会浮现出书籍。这里所说的印刷术一般情况下是指印书术。不可否认，书籍出版是印刷术在古代最主要的应用领域之一，但其实在古代印刷术的应用并不局限于知识领域，它在美化生活、商业推广等方面同样做出了巨大的贡献。例如：印花织物、纸牌、墙纸、年画、票证……

印刷作为一个词，最早出现在 1000 年前的《梦溪笔谈·技艺门》里："一版印刷，一版已自布字。"查阅当今的词典和行业工具书，"印刷"有如下定义：

《辞源》："刊行图书，按文字、图画的原稿制成印版，用棕刷涂墨于板上，铺纸，后用净刷擦过再揭下，如此反复，叫印刷。"

《中华人民共和国国家标准印刷技术术语》："使用印版或其他方式将原稿上的图文信息转移到承印物上的工艺技术。"

《现代汉语词典》（第 7 版）："把文字、图画等做成版，涂上油墨，印在纸张上。"

《现代科学技术词典》（1980 年版）："把油墨从印版表面转移到纸（或其他材料）上以复制图像或文字的任何方法。"

依照上述定义，我们能总结出印刷的三个要素：一是图、文，二是印版，三是压印。

不过随着时代的发展，这种定义的局限性日益明显。印刷术是一门工艺技术，科学技术的换代必然导致印刷术定义的更新。现代社会中数字技术、网络技术与印刷技术的结合颠覆了印刷术的传统定义。喷墨印刷和网络出版的出现使得传统定义中的印版和压印两大要素显得苍白无力。所以，科技日新月异的今天，很难用准确的定义来描述这个技术性强、历史悠久的词语。新时代的我们，完全可以换一个角度看印刷。技术永不停步，但文化一脉相承。如果从文化的角度来定义，印刷术就可以说是复制人类智识的一种技术。

如果问当今的人们：装饰画算不算印刷品？T恤衫上的图像是不是印刷品？塑料包装上的图画是不是印刷品？相信答案应该是一致而且肯定的。印刷的对象不仅是文字，也可以是图案；印刷的材料既可以是纸张，也可以是织物、金属、塑料……可以说"除了水和空气，无所不能印刷"。

那么，最早的印刷术是什么？

在印刷术引发学者关注的初期，其定义是狭隘的。当应用于美化生活领域的印花技术出现的时候，它还只是一项普普通通的工艺，与"文化神"毫无关联，学者们没有考虑到应当歌颂它。当这项技术应用于文字，服务于文化传播领域的时候，它才"容光焕发"地登上了历史舞台，中国的和西方的学者才赋予了它最崇高的赞美。也正因为如此，印刷术被誉为"文明之母"。所以说，最早被学者定义的印刷术专指文字印刷术。

最早的文字印刷术便是雕版印刷术。雕版印刷术是指将文字、图像反向雕刻于木板上，再于印版上刷墨、铺纸、施压，使印版上的图文转印于纸张的工艺技术。其实在初期，印刷术就是指雕版印刷术，因为是木材印版，也多叫木版印刷或者木刻。之所以前面加上"雕版"二字，是后来的人们为了区分不同的工艺，像"活字""石版"等一样，是印刷术前面加的定语。如同家用电脑一词，早期就是指台式电脑，但是后来发展出轻薄的笔记本电脑之后，为了区分，就在"电脑"前面加上定语"台式"。雕版印刷术中的"雕版"又叫镂版、刻版、椠版、梓版、刊版等，雕版印刷又称付梓、梓行、刊行等。在古代文献中，往往"版""板"通用。

11世纪中叶，平民毕昇发明了省时省料、方便快捷的活字印刷术，使印刷术从雕版印刷阶段进入活字版印刷阶段，在印刷史上有着划时代的伟大意义，开创了印刷史上的新纪元。毕昇发明的活字印刷工艺本身已较为成熟，后世出现的木活字、锡活字、铜活字、铅活字等，只是在制作活字的材质上有所改变，印刷工艺并无实质性变化。

1450年前后，德国人约翰内斯·谷登堡（Johannes Gensfleisch zum Gutenberg，1400—1468）将活字工艺进

铅活字

行整合，发明了铅活字印刷机。与中国传统的活字印刷术对比，谷登堡的活字印刷术使用的是字母加上各种符号，字母活字的制作、排版比汉字简单。尽管谷登堡对铅活字铸造工艺进行了一系列的整合和创新，但谷登堡印刷术的核心是印刷机。这种机械印刷方法首先在欧洲迅速传播，然后在世界其他地区传播开来。这套技术被后人简称为铅活字印刷术。实际上，是印刷机的发明，发起了一场印刷技术革命，开启了印刷工业化的进程。

2　印刷术的分类

　　曾经，全世界将谷登堡的印刷术当成文化"神器"，将中国的雕版和活字印刷称为古代印刷术。当代，铅活字与雕版一样，通通都被称为古代印刷术，它们都已退出了历史舞台，基本属于非物质文化遗产范畴。现代印刷技术分为数字印刷和传统印刷两大类。传统印刷术根据印版的特点一般可分为四种：凸版印刷、凹版印刷、孔版印刷和平版印刷。其中，目前应用广泛的传统印刷技术主要包括丝网印刷（孔版印刷）、柔性版印刷（凸版印刷）、凹版印刷和胶版印刷（平版印刷）。

凸版印刷

古代雕版印刷术属于凸印，即印版的图文部分高于空白部分的印刷方法。泥活字、木活字也好，铅活字也罢，活字都属于凸版印刷。现代应用最多的凸版印刷技术，既不是雕版也不是活字，而是柔印。柔印即柔性版印刷，也常简称为柔版印刷，是使用柔性版材，通过网纹传墨辊传递油墨施印的一种印刷方式。柔印版一般采用厚度1—5mm 的感光树脂版。柔印之所以发展得快是因为它有三个突出的优势：一是印版柔软，对承印物具有广泛的适应性，既能承印质地较为粗松的材料也能承印表面光滑的材料，如塑料薄膜、玻璃纸、金属箔、铁皮、不干胶纸、厚纸板、牛皮纸、瓦楞纸等材料。二是耐印力高，镀铬金属网纹辊耐印力可达 10 万—3000 万次。三是柔印可以用水性油墨，不会造成环境污染，绿色环保，符合食品包装的卫生标准。

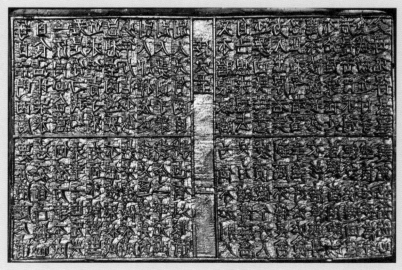

古代木刻凸印版

现代柔性凸印版

凹版印刷

凹印即凹版印刷，由于印版的图文部分低于版面，因此得名。15世纪，德国和意大利的金匠率先发明手工雕刻凹印技术，自此开创了一个版画时代。凹印版画以铜版画之名成为数个世纪世界艺术领域的风尚。众多金匠和一些绘画艺术家纷纷改行搞版画雕刻，凹印成为欧洲画家们的"必杀技"，并涌现出很多著名的版画艺术家。随着版画的风靡，其技术日臻改进和完善，17世纪初，腐蚀铜版法的发明，又开创了一个版画全面发展的时代。至19世纪，铜凹版逐渐被钢凹版所取代。

现代，凹版印刷分为雕刻凹版印刷、照相腐蚀凹版印刷、电子雕刻凹版印刷三类。凹版印刷时，先将油墨涂于凹印版上，然后用刮墨刀把印版表面的油墨刮掉，再通过压力的作用，使存留在印版凹陷部分的油墨与承印物接触，将油墨转印到承印物上，获得印刷品。凹版印刷具有墨层厚、色彩鲜艳、耐印力高的特点，广泛应用于包装印刷、票据印刷领域。

孔版印刷

2000多年前，中国人就运用孔版印刷技术印花染绸、装饰生活。孔版即印版的图文部分由孔隙组成。前面阐述过，狭义的"文明之母"并不包括孔版印刷，因为孔版印刷应用之初几乎与文字及文化传播无关。与之产生鲜明对

印刷扑克牌的铜凹印版

刺孔漏印的敦煌遗画，现藏于法国国家图书馆

比的是，谷登堡的铅活字印刷术专注文字，被"神化"了的铅活字对图形、图像的印刷完全无能为力。不过，印刷术发展至今，图像与文字的印刷界限已经模糊，甚至可以说已完全融合。现代印刷技术在制版环节中，文字和图像的合并制版已经变得很容易，印刷业也已经是大印刷的概念，无论是印刷的材质，还是印刷的对象，甚至印刷的用途，都是相当宽泛的。现代最常用的四大传统印刷技术之丝网印刷又称漏版印刷，是目前应用最广的一种孔版印刷。不过，现代丝网印刷之前，还有一种孔版印刷工艺刚刚转身离去，如今尚能依稀看到背影，那就是油印。

现代的丝网印刷是指用丝网作为版基，并通过感光制版方法，制成带有图文的丝网印版。丝网印刷应用十分广泛，与我们的美好生活紧密相连。相对来说，丝网印刷是一种"自由"的印刷方式，它不受幅面尺寸的制约，还可以在曲面和软物上印刷，而且价格便宜、色彩鲜艳，被越来越多的行业认可、应用。在人们日常生活中，家用电器的电路板，纺织品、日用品上的花纹，T恤衫、文化衫、鞋上的图案，各种材质商品上的文字，陶瓷、玻璃、墙砖、地砖上的装饰，商业广告等很多都是丝网印刷品。

平版印刷

世界上最早的平版印刷技术是石版印刷，即图文与印版在同一平面上。这听上去匪夷所思。凸印、凹印、孔印都

很好理解，因为可以单独为印版上的图文部分上墨。但一块平版怎么印刷呢？18世纪末，布拉格（今属捷克）出生的作曲家逊纳菲尔德（Alois Senefelder，1771—1834）发明了石版印刷

术。石版印刷术是平版印刷的鼻祖。而平版印刷技术的核心是"水墨相斥"，也叫"水油相斥"，这是印刷史和版画史上一项重大的发明。时至今日，应用广泛的胶印仍沿用其工艺原理。石印制版有两种方法：一种是将图文直接用脂肪性物质书写、描绘在石板之上；另一种是通过照相、转写纸、转写墨等方法，将图文间接转印于石板之上。前者称作"绘石"，后者称作"落石"。绘石制版工艺简单，是石版印刷发明初期应用的工艺技术；落石制版工艺复杂，是在绘石制

20世纪初，中国上海大型印书馆石印制版部的技工们正在进行绘石

版基础上发展而成的工艺技术。

现代艺术复制领域人们熟知的珂罗版印刷便是在石版印刷的基础上发展而来，属于平版印刷工艺的一种，但实际上珂罗版是有细微凹版特征的。珂罗版得名于版材上涂布的感光胶。珂罗版最早是在石板上应用，经过不断革新，最后定型为玻璃版。现在的珂罗版制版，都是在玻璃片上涂布感光胶，再通过照相技术，根据曝光量，胶面出现不同程度的硬化，硬化程度不同，吸水、吸墨性能不同，从而控制着墨与不着墨、墨多与墨少，实现图文印刷。

经过这样梳理，"胶印"为什么叫作"胶印"便显而易见了。顾名思义，胶印是指以涂布感光胶的印版为特征的印刷技术。但长期以来，国内学界都误将胶印理解为：因为橡皮布滚筒是橡胶材质，所以叫胶印。传统来看，印刷方式都是以印版定名，比如木刻、活字、石印、铅印等，当然胶印也不例外。不过，与石版印和珂罗版胶印相比，胶印技术得以发展至今长盛不衰的一个技术革新核心便是间接转印法，即印版和纸张不直接接触，而是通过第三方——裹有橡皮布的滚筒从印版上将印墨沾上，再将"身上"的印墨转移到纸张或者其他承印物上。自胶印机开创的间接印刷方法，是一项非常伟大的技术革新。这项革新技术

胶印机胶辊

彩色制版胶印工艺流程

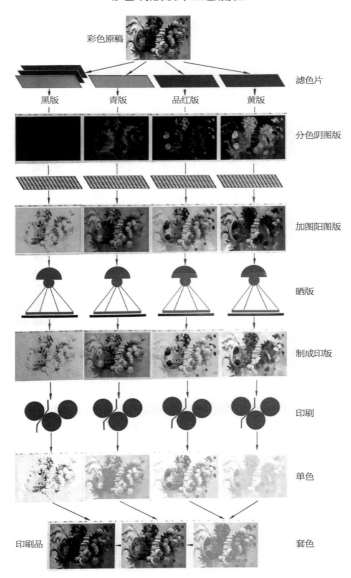

彩色原稿

滤色片

黑版　　青版　　品红版　　黄版

分色阴图版

加图阳图版

晒版

制成印版

印刷

单色

印刷品　　　　　　　　　　　　　　套色

四色胶印工
艺原理图

在英语中称为"offset"，便是指转移印刷，即间接印刷，而在这项技术西学东渐的过程中，"offset"被翻译为胶印，并延续至今。

所以说，石印、珂罗版，以及胶印一脉相承，它们都基于水墨相斥的原理，同属平版印刷。18世纪末，欧洲就出现了石印机。现代成熟定型的胶印机的发明人，业界普遍认为是美国人 T. W. 鲁贝尔。1904—1905 年，他将照相制版形成的"胶版"上的图文墨迹先印到包在滚筒表面的橡皮布上，再由橡皮布转印到纸上，成功开创了间接印刷法。1907 年，德裔美国人 C. 海尔曼制造了第一台间接印刷的胶印机。直到今天，胶印仍然是全世界最为主流的印刷方式。

数字印刷

首先应强调的是，印刷数字化和数字印刷是两个不同的但是非常容易混淆的概念。印刷技术数字化泛指印前、印刷、印后全过程中部分或全部工艺的数字化，例如：激光照排、远程传版、数字打样、计算机直接制版、数字化工作流程、数字印后技术及印厂网络公关系统等都属于印刷数字化的范畴。而狭义的数字印刷常常被称为数码印刷，专指印刷工序，是将数字化的图文信息直接着墨于承印物上。

在中国人眼中印刷与打印是两个不同的词，但在英文中，却是同一个词，即"print"。打印机进入中国人的视线之初，是以针式打印机的形象出现的。因其工作原理就是实实在在地用力"打"，也就是敲击，所以被翻译成为一个专有名词。打印机的应用领域主要用于办公和家用，而印刷机的应用领域主要是商业领域。可以说，打印机和印刷机从同一个地方出发，然后分手，而随着打印技术的发展，现在又开始融合，并且在可以预见的未来，打印机和印刷机终将融合。

数字印刷机按照不同的成像原理，主要分为静电照相数字印刷、喷墨数字印刷和热成像数字印刷三种类型。数字印刷的特点在于无须制版，因此，可以完成个性化、小批量、可变数据等传统印刷无法完成的任务。

3　印刷术的传播

中国是印刷术的故乡。它由中国发明，走向世界，走向辉煌。

2000 多年前，张骞"凿空"西域，连接长安与罗马的"陆上丝绸之路"正式打通；隋唐之时，"海上丝绸之路"兴起。2000 多年来，通过丝绸之路，中国的丝绸、茶叶、陶瓷等源源不断地传入西方，而西方的香料、波斯蕃锦、瓜果、蔬菜等则输入东方。丝绸之路当然不只是一条物资交换之路，它更是一条东方与西方之间经济、政治、文化交流的主要道路。通过这条道路,中国的造纸术、指南针、火药、印刷术经阿拉伯地区传播到欧洲,阿拉伯的天文、历法、医药被引进到中国,在文明交流互鉴史上写下了重要篇章。

中华印刷术的发明,启发和引领了世界其他地区印刷术的发展,对推进人类命运共同体的构建起到了巨大作用,功垂史册、彪炳千秋。正如2014年习近平在中国科学院第十七次院士大会、中国工程院第十二次院士大会上的讲话中指出的:"在5000多年文明发展进程中,中华民族创造了高度发达的文明,我们的先人们发明了造纸术、火药、印刷术……为世界贡献了无数科技创新成果,对世界文明进步影响深远、贡献巨大,也使我国长期居于世界强国之列。"

中国发明印刷术后,逐渐向世界各地传播。很多国家的印刷术或是由中国传入,或是受到中国的影响而发展起来的。印刷术最早由中国向东传入朝鲜半岛、日本,向南传入越南、菲律宾等东南亚国家,以后又向西经过中亚、西亚传入欧洲。中国发明的造纸术于12世纪传到欧洲,但直到14世纪造纸业才在欧洲兴盛。造纸业的发达为印刷术在欧洲的落地生根奠定了物质材料基础。印刷术是何时、通过何人传到欧洲的目前无法确定,但可以肯定的是在中西方漫长的交流过程中,来华的欧洲商人、旅行家和传教士,经过波斯、埃及、俄罗斯等路线,把中国印刷的纸牌、纸币和书籍传入欧洲,不仅开阔了欧洲人的眼界,也促进了欧洲印刷事业的发展。印刷术向欧洲的传播不仅通过丝绸之路，北部的路线也发挥着重要的作用。元代，蒙古对中亚国家、波斯、钦察、俄罗斯和欧洲国家的征战，客观上促成新的贸易和文化中心的产生，为中国同波斯、阿拉伯及欧洲国家的接触提供了便利。在这个时期，东西方在宗教、文化等方面得到了空前的交流，为印刷术的西传创造了有利的环境。

元代时不断有欧洲人来到元大都传播宗教。当时中国的雕版印刷术发明了约 600 年，已经普遍应用到人们生活的方方面面，活字印刷术的发明和使用已有约 200 年的历史，所以那些西方传教士回国后沿用雕版或活字印刷经书是很自然的事情。现存欧洲最早的印刷品，是 1423 年雕版印刷的《圣克里斯托夫与基督渡水图》，和中国古代的版画一脉相承。钱存训所著的《纸和印刷》中曾引用英国旅行者罗伯特·柯松的观点：欧洲和中国的雕版印刷术几乎在每个方面都是如此相似，"我们猜想这些书的印刷可能是从古代中国的样本仿制而来，这些样本则是由某些早期的游历者从中国带来，他们的名字没有流传至今"。1585 年西班牙历史学家胡安·冈萨雷斯·德·门多萨在《中华大帝国史》中介绍了中国的制炮技术和印刷术。他认为，中国使用大炮早于西方国家，印刷术也早于德国的谷登堡。他说："现在他们（指中国）那里还有很多书，印刷日期早于德国开始发明之前五百年，我有一本中文书，同时我在西班牙和意大利，也在印度群岛看见其他一些。"

在欧洲雕版印刷普及的基础上，毕昇发明活字印刷术约 400 年之后的 1450 年左右，德国人谷登堡对活字印刷术进行了创新。毕昇与谷登堡二人在活字印刷术的原理上没有多大差别，但是谷登堡在活字印刷流程中，将关键的两道工序——活字制作和刷印过程进行了革新，他用金属字模来铸造铅活字，并且发明了手扳式印刷机，开启了印刷工业时代。

在谷登堡发明印刷机之后不久，活字印刷术很快就在欧洲各国流行起来，单是威尼斯一地，在 15 世纪末期，新设立的活字印刷所就约有 100 个，出版书籍约有 200 万册。印刷术结束了欧洲僧侣垄断文化教育的状况，促进了欧洲的文艺复兴。正如马克思所指出的："印刷术变成科学复兴的手段，变成对精神发展创造必要前提的最强大的杠杆。"

门多萨在《中华大帝国史》一书中还指出谷登堡受到中国印刷技术影响。中国的印刷术，通过两条途径传入德国，一条途径是经俄罗斯传入德国，一条途径是通过阿拉伯商人携带书籍传入德国，谷登堡以这些中国书籍作为他的印刷的蓝本。门多萨的书在当时很快被翻译成法文、英文、意大利文，在欧洲产生了很大影响。法国文学家米歇尔·德·蒙田、历史学家路易·勒罗伊等欧洲学者都赞同门多萨的论点。

自毕昇以来，中国人尝试了各种各样的活字材质，有胶泥、木材、铅、铜、锡等；朝鲜半岛采用的活字则以铜为主。根据记载，欧洲人开始学习活字印刷并不始于大家

1423 年，在德国南部刻印的木版画《圣克里斯托夫与基督渡水图》，现藏于约翰·莱兰兹大学博物馆

都知道的谷登堡金属活字，而是始于木活字。英国《不列颠百科全书》中提到，1423—1437年，荷兰人L.杨松，也称柯斯特，刻制木活字，刊印荷兰文的拉丁文法和大的标题字获得成功。但因木活字的雕刻质量未能胜过雕版，因此未被推广。这个记载比谷登堡发明印刷机要更早一些。

被西方人奉若神明的谷氏印刷术自发明后并没有引起中国人的关注，因为中国人早已对活字印刷习以为常，并且雕版印刷术几乎能够满足古代社会对于文化产品的全部需求。何况，中文方块字笔画复杂、字数众多，无论采用哪种活字材料，做海量铜字模的难度和排版、拆版的难度都和西文世界完全不是一个数量级。

因此对于以字母为文字的国家来说，印刷机的落地就可以作为铅活字印刷技术的引入标志；而在中文世界，印刷机并不是"卡脖子"的难题，而是以字模铸字的完善作为谷登堡印刷术的引入标志。

铅活字最终在中国大行其道与近代报业在中国的萌芽密不可分。19世纪下半叶近代报业在中国兴起，20世纪初，大众传播媒介的代表——报纸在中国逐渐"走红"。早期的报纸就叫新闻纸（现代把用于报纸印刷的相对廉价的纸张品种称为新闻纸）。报纸印刷有四个独特、鲜明的特点：一是对制版速度的需求很严苛，如果依靠手工木刻印版这种方法，制版时间过长，新闻容易成为旧闻；二是印刷工艺难度大，报纸通常幅面较大，如果用传统的方式，质量难以保证，使用平压平印刷机能保证大幅面印刷的质量；三是印量较大，这也是报纸作为大众传播媒介界"扛把子"的重要特征，而大批量报纸要在短时间内印成，非印刷机莫属；四是报纸的新闻性决定了印版只能一次性使用，使用雕版印刷的经典之作有再版的可能和保存的必要，而报纸的印版虽然版面相似，但内容不同，需要频繁更换。在当时普遍应用的印刷技术中，能够同时满足这四个特点的就只有铅印术。因此，尽管中文世界在字模制作、活字铸字、拣字排版、拆版还字等诸多工艺中有着难以言说的复杂性，但最终，需求激励创新，中国人还是克服了重重困难，不断学习，反复改进，广泛应用了这一技术。

总之，谷登堡的铅活字版机械印刷术在西文世界应用了 500 多年，但在中国汉字印刷领域仅从 19 世纪末应用至 20 世纪末，一共只有 100 多年，这是中西印刷史特别重要的区别。因此，从对西文世界的文明进程影响来看，谷登堡厥功至伟，但他和他的发明，对于中国人及中华文化的影响却没有那么大。

除了亚洲和欧洲，中国的印刷术同样也渐次影响了世界其他国家和地区。19 世纪末，有 50 张木版印刷品在埃及某古城废墟中被发现，都是用古阿拉伯文字印的伊斯兰教的祷词、符咒和《古兰经》残页，其印刷方法和中国印刷方法极为相似。因此，有的学者认为可能是蒙古军西征时，旅行者或商人把阿拉伯文字的印刷品带到了埃及。

第二章
欧洲印刷历史故事

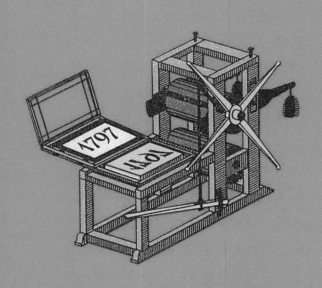

欧洲印刷术起步较晚，当然包括地理、政治、经济等种种原因。其中，没有造纸术，缺乏承印材料是最重要的因素之一。12 至 13 世纪，欧洲国家如西班牙、意大利和法国通过阿拉伯地区引进中国造纸术并建起造纸厂。13 至 14 世纪，欧洲人大量接触到中国印刷品，除纸钞、宗教画和印本外，还有大量的纸牌。这些印刷品成为印刷术传入欧洲的向导。尽管起步较晚，但 15 世纪印刷机的发明，犹如一支巨大的火炬，照亮整个欧洲走出了黑暗的中世纪。日新月异的印刷技术，成为传教的工具，成为文艺复兴的助推剂，成为科学复兴的手段，成为欧洲崛起的最强大的杠杆。

中国和德国可称得上印刷史上中西交相辉映的"双子座"。中国是印刷术的发明之乡，代表了起源和手工时代；德国是印刷机的发明之乡，代表了创新和工业时代。谷登堡的发明使接触印刷技术相对较晚的西方世界在出版领域实现了弯道超车，因此，字母文字国家的学者乐意将活字印刷术当作印刷历史的全部。因为中世纪的西方是蒙昧的，所以很多人认为整个世界在中世纪都是黑暗的且文化落后的，中国也大致应该是那样。自 16 世纪开始，西方兴起了印刷史的研究热潮，印刷史研究发展成西方的一门学科。由于现代化进程中的落后，中国人在这门学科中基本没有话语权。印刷术故乡的学者们，几乎到 20 世纪末，才加入了这门由西方学者构建的学科中。

4　阿尔巴尼亚出版节的由来

阿尔巴尼亚共和国简称阿尔巴尼亚。大多数历史学家认为阿尔巴尼亚人的祖先是伊利里亚人——巴尔干半岛上古老的民族之一。每年的 8 月 25 日是阿尔巴尼亚的出版节，为什么选定这一天呢？因为这一天是阿尔巴尼亚共产党中央机关报《人民之声报》创刊的日期。

其实阿尔巴尼亚的现代印刷业起步较早，16 世纪在北部地区就出现了印刷厂。1555 年 1 月 5 日，阿尔巴尼亚国内用印刷机印刷出第一本阿尔巴尼亚文字的书《弥撒》。这是一本传教用的译文集，由罗马天主教神职人员吉昂·布祖库翻译出版。阿尔巴尼亚最早的报纸是 1848 年在北部城市斯库台不定期出版的、意大利文的《意大利的阿尔巴尼亚人》报。

阿尔巴尼亚被奥斯曼帝国统治了 500 年，统治者禁止阿尔巴尼亚人使用本族语言，因此其民族文化传播受到压制和奴化。直到 1635 年，巴尔德在罗马出版了阿尔巴尼亚第一部双语词典《拉丁－阿尔巴尼亚词汇》，才让更多的人有机会学习本民族的文字，培育阿尔巴尼亚语书籍的市场。1860 年，在希腊中部小城拉米亚出现了用阿尔巴尼亚文和希腊文出版的报纸《佩拉斯吉人》。1879 年阿尔巴尼亚语字母书写和出版协会成立。同年，《阿尔巴尼亚之声报》创刊于斯库台，这是一份包括政治、社会和文化的综合性报纸，也是阿尔巴尼亚历史上第一份定期出版的报纸（周报）。1883 年，《阿尔贝里的旗帜》杂志在阿尔巴尼亚中部地区创刊，这家杂志社也是阿尔巴尼亚第一家杂志社。1884 年，第一次用规范的阿尔巴尼亚文出版的报纸《光明报》创刊，后改名为《知识》。

1914 年，第一次世界大战在巴尔干地区爆发，阿尔巴尼亚的报刊在战乱中几乎消失。1939 年 4 月法西斯大利占领阿尔巴尼亚后，通过行政手段直接垄断大众传媒，形成了一整套为法西斯主义服务的新闻出版体系。与此同时，反法西斯的新闻业也成长起来了。1941 年 11 月 8 日，阿尔巴尼亚共产党建立民族解放战线。阿尔巴尼亚共产党中央机关报《人民之声报》于 1942 年 8 月 25 日在地拉那创刊。这份报纸在号召民众拿起武器、同法西斯占领者进

1972 年，阿尔巴尼亚发行的出版节纪念邮票：《人民之声报》、印刷机、读报人

行斗争的政策宣传和政治动员方面发挥了重要作用。但在反法西斯战争期间，报纸的印刷出版是十分困难的。《人民之声报》只能在地拉那郊外秘密印刷所里用油印机印刷，发行量只有几百份。当时经费紧张，出版主要靠人民捐助。当年的《人民之声报》外交政治部主任沙拉兹利描述报刊的传播情况时说："我们的报纸不是在现代化的转轮机上印刷的，发行量只有几百份。除了人民有限的一点捐助，就没有什么其他的收入……可是我们的报纸辗转传递，即使在阿尔巴尼亚山区偏远的小茅屋里也能看到……"这是属于阿尔巴尼亚人民的红色印刷回忆。

1944年阿尔巴尼亚解放后，《人民之声报》在地拉那公开出版，成为阿尔巴尼亚发行范围最广的报纸。报纸每周6期，每期4版，星期一休刊。2015年11月，《人民之声报》停止出版纸质印刷报纸，改为网络出版报纸。

5　奥地利国徽化身印刷保护神

奥地利的国徽曾在网络上被评为世界最美的国徽之一，已有数百年的历史。其国徽的中心图案是一只姿态高贵的黑色奥地利雄鹰。但是在14世纪时，奥地利国徽采用的是拜占庭式的双头鹰图案，雄鹰舒伸的双翅象征着要将国家的安全置于其羽翼之下。1918年，奥匈帝国解体后，奥

奥地利雄鹰
国徽

1982 年，奥
地利发行的
印刷业 500
周年纪念邮
票《雄鹰》

地利宣布成立共和国，新政府决定采用德国腓特烈二世的独头雄鹰图案作为国徽。雄鹰头顶的三垛壁形金冠与双爪上的镰刀、锤子分别代表国民中的中产阶级、农民和工人。1938 年，德国吞并奥地利后，象征主权的雄鹰图案被取消。1945 年，随着德国在第二次世界大战中的失败，独头雄鹰再次出现在奥地利国徽中，鹰爪上增添了挣断的锁链，以纪念奥地利摆脱德国统治，重获自由，同时

在鹰的胸部还增添了奥地利国旗的盾形图案。

　　1982 年，奥地利国家邮政局印刷发行了奥地利印刷业 500 周年纪念邮票，标志着奥地利人将本国的现代印刷业的开创年份定为 1482 年。但关于 1482 年奥地利开创本国现代印刷业的相关细节，奥国史书中都语焉不详。其主要原因大概是与政治有关。因为在 15 世纪前后，奥地利的疆域常常发生变化。

　　不过这枚小小的印刷业纪念邮票可谓是高调。猛地一看，这是一张精心印制的奥地利国徽邮票，不仅采用了四色印刷，还单独用了专色银粉墨和金墨，令这张邮票看上

去闪闪发亮。邮票是一种印刷品，这毋庸置疑，但这张邮票看似与庆祝奥地利印刷业诞生 500 周年毫无关联。不过，用放大镜仔细观察，你就能看到这枚小小的邮票的精彩和匠心，看到它的高调之处。原来，这只雄鹰和国徽上的雄鹰并不一样，它确是"雄鹰"，又胜似"雄鹰"。因为它不是一只雄鹰，而是两只。主体雄鹰的下方，是一块金色盾牌，而盾牌上还有一只雄鹰，这便是前面介绍的拜占庭式的双头鹰，代表着本国印刷业开创的历史时期。设计者还将专业小心思藏进了雄鹰的身上，将印刷元素融进了图中，那就是三个印刷辊筒。你能看到它们在哪里吗？找找看吧！

辊筒也称滚筒，是印刷机上非常重要的部件。不同种类的印刷机滚筒数量和形式都不同。滚筒包括压印滚筒、印版滚筒、橡皮滚筒等。普通人可能是找不到的，即使找到了，大概也只能发现最明显的那一个，就是单头雄鹰双爪握着的那个。本来它的双爪上应该分别握着镰刀和锤子，代表国民中的农民和工人，可是现在变成了一个形状特别的滚筒。此外，放大了看，盾牌上的双头鹰每只爪上都握着一个墨辊，形状各异。

可以说，这只华丽精美的"双头鹰"，便是奥地利印刷业的保护神。

6　印刷电路板之父

很少有人将电路板与印刷术联系在一起。印刷电路板又称印制电路板，多用 PCB（Printed Circuit Board）来表示，是一项革命性的印刷技术。这项印刷术如今存在于我们使用的所有电子设备中，例如电脑中、手机里、汽车上……它无处不在，触手可及，成为我们每个人生活的一部分。

PCB 技术的发明改变了我们今天所认知的电子世界，并为未来新技术的创造提供了更多可能性。在印刷电路板出现之前，电子元件之间都是依靠电线直接连接而组成完整的线路。现在，电线电路板基本被淘汰，只能作为实验工具存在，而印刷电路板在电子工业中已经占据了绝对统治的地位。是谁引领电路板踏上了创新之路呢？

20 世纪初，人们为了简化电子机器的制作，减少电子零件间的配线，降低制作成本等，不断有工程师提出在绝缘的基板上加以金属导体作配线的理论，但他们没有找到更便捷的办法。1930 年，奥地利人保罗·艾斯勒（1907—1992）毕业于维也纳工业大学工程专业。他一开始在英国录音技术公司工作，很快他经历职场失败，被迫返回维也纳，在一个广播杂志周刊从事印刷工作，后来杂志社由奥地利社会民主出版集团接管，他成了一名编辑记者。1934年，奥地利法西斯主义者发动政变，艾斯勒因为奥地利社会民主出版集团编辑记者的身份被通缉，被迫离开奥地利，再次前往英国。

很快，他将注意力转向了有关电路板的研发上。尽管他有过印刷工的工作经验，但他还是反复去英国国家博物馆的阅览室补充他的印刷知识。他在自传中说："正如我读到的，我吸收了所有（印刷）主要过程，如最终救赎的智慧，那就是印刷电路。"他运用当时印刷业图像制版常用法，即铜版腐蚀制版法，先画出电子线路图，再把线路图蚀刻在一层铜箔的绝缘板上，不需要的铜箔部分被蚀刻掉，只留下导通的线路，这样，一块电路铜印版便制作完成。只不过与印刷业不同的是，电路板制成后不需要刷上油墨去印刷物品，它本身已经是一种产品了。电子元件通过铜箔形成的线路连接起来。可以说，印刷电路板实际上是以一块铜版画的铜印版，只不过印版的图画是电路图而已！

1936 年，艾斯勒成功地装配了一台使用印刷电路板的收音机，这一年也成为印刷电路元年。后来，艾斯勒的发明受到美国军方的重视，印刷电路板首先被使用在高射炮弹的近发引信上。这种引信要求把许多电子元件紧凑地安装在体积很小的设备里，所以适用印刷电路板。盟军使用的装有近发引信的高射炮弹，给德国飞机以毁灭性的打击，印刷电路从此为世人所知。

1943 年，艾斯勒申请了专利，该方法用于在与玻璃纤维增强的非导电性基底黏结的铜箔层上蚀刻导电图案或电

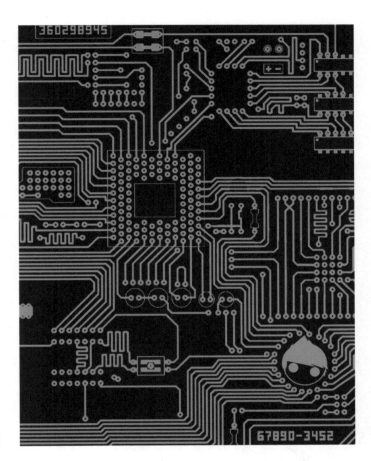

印刷电路板

路。在美国获得认可后，艾斯勒的原始专利最终被分成三项不同的专利：639111（三维印刷电路）、639178（印刷电路箔技术）和639179（粉末印刷）。这三项单独的专利于1950年6月21日发布。1992年艾斯勒获得英国的纳菲尔德银奖，紧接着又获得了以他的名字命名的数十项专利。由于颇感创新之路坎坷，成名之后的他撰写了一本自传

《我的生活与印制电路》。

蚀刻电路板技术的发明，使电子设备性能一致，质量稳定，结构紧凑，电子设备的批量生产变得简单易行。经过世界各国科学家的不断创新，这项技术也在不断进步。近年来，电路技术的精度不断提升，速度不断提高，已经发展出众所周知的光刻工艺。但印刷电路至今仍然是电子设备使用最广泛的技术。如果没有印刷电路工艺，现代的电子设备就不可能取得这样大的进展。当然 PCB 上并不是只应用了腐蚀铜版制版技术，丝网印刷技术也一直"陪伴左右"配合使用。其主要应用是在电路板上标注各零件的名称、位置框，方便设备组装者辨识及维修。

7　奥匈帝国的伟大发明——石版印刷

石版印刷术的发明人是逊纳菲尔德。他出生在布拉格（今属捷克），父亲是布拉格皇家剧院的一名演员。父亲去世后，他无法继续在德国的因戈尔施塔特大学学习，因此试图以表演者和作家的身份维持生活，但没有成功。之后他长期在德国境内生活

1998 年，奥地利为纪念逊纳菲尔德发明石版印刷术而发行的邮票

和工作。

欧洲各国的历史地理关系特别复杂，奥地利就是其中的典型。从中世纪末期到一战结束前，奥地利一直是欧洲大国之一，更是统治中欧 600 多年的哈布斯堡家族所在地。自 1278 年由哈布斯堡家族统治开始，奥地利大公国便是神圣罗马帝国的权力核心。后来拿破仑的崛起加速了神圣罗马帝国的瓦解，弗朗茨二世于 1804 年建立奥地利帝国。1867 年为防止匈牙利独立，奥地利和匈牙利签订折中方案，组建奥匈帝国。第一次世界大战后奥匈帝国解体，1918 年 11 月奥地利共和国成立，1938 年被法西斯德国吞并，第二次世界大战后被苏、美、英、法四国分区占领，1955 年重新获得独立，同年 10 月 26 日宣布成为永久中立国。

纵观奥地利的近代历史，在逊纳菲尔德生活的 18 世纪末至 19 世纪上半叶，无论是布拉格，还是慕尼黑，都属于奥匈帝国。这就是为什么平版印刷技术的发明有着捷克、德国、奥地利"三国之争"的原因。有意思的是，德国纪念石印技术发明的纪年为 1797 年，而奥地利认定为 1798 年。

1796 年的一天，逊纳菲尔德将母亲洗衣房的订单，随手用蜡笔写在德国巴伐利亚松尔堆芬采石场特产的一种质密且细腻的浅色石灰岩板上，以防遗忘。结果一不小心，这些字迹转印到了要清洗的衣服上。当他用硝酸溶液想将石板清洗干净时，发现那些字迹出现了浮雕状。

他随即涂上油墨用纸试印一下，一片污浊中有字迹再现。

巴伐利亚皇家剧场音乐主任古拉依斯纳听到这一消息，怀着印刷乐谱的打算，买了一台铜版印刷机给逊纳菲尔德做试验。在铜版机上，石块裂开了，印刷效果也很不理想。经过进一步的研究，逊纳菲尔德发现了阿拉伯树胶的吸水排油性。于是他在石面上用油脂性蜡笔描绘后，再用与硝酸混合的阿拉伯树胶液覆盖，石面清洗润水之后滚上油墨印刷，由于油水相拒，油墨只在油性蜡笔部分吸附着，并可以印到纸上。1798 年，逊纳菲尔德利用这种石版印刷术印刷了乐谱和图画，这是印刷史和版画史上一项重大的发明。时至今日，应用广泛的胶印仍沿用石印的"水油相斥"原理。根据在石上描绘这一意思的希腊语，这种印刷方式被起名为"Lithograph"。1818 年，逊纳菲尔德出版了《石版印刷术》一书，其中记录了他发明石印技术的前前后后。

1834 年 2 月 26 日，逊纳菲尔德在慕尼黑去世。在

他合眼时，伦敦、巴黎、米兰、巴塞罗那、纽约等地的石印专家和石版印刷工坊已惊人地活跃起来，石印术甚至在印刷术的故乡

联邦德国为纪念石版印刷术发明 175 年，于 1972 年发行的石版印刷机邮票

中国登陆。1834 年，中国广州出现了用石版印刷的布告。1874 年，上海徐家汇天主教堂附设的土山湾印书馆开设石印印刷部，印制教会宣传品。1876 年，创设申报馆的英国人 E.美查在上海开设了点石斋石印局，开始石印图书和期刊。

2000 年 9 月 28 日，奥地利海恩公司向中国印刷博物馆捐赠了两台老式石印机（其中一台为 1892 年制造），还包括一批与逊纳菲尔德使用的同类浅色石印版及欧洲石印版画作品。

8　世界上唯一进入双遗名录的印刷博物馆

你知道吗，世界上唯一被列入《世界遗产名录》的博物馆竟然是一座印刷博物馆，它保存了 1563—1567 年出版社的总业务账簿，2001 年这批文献入选《世界记忆名录》。这无疑令世界各地的印刷博物馆"望馆兴叹"，羡慕不已。要知道，有西方印刷业的"耶路撒冷"之称的德国美因茨的谷登堡博物馆也没有获得这样的荣誉加持。到底这个印刷博物馆在哪里？为什么这样珍贵呢？

大约在 1550 年，也就是谷登堡的铅活字印刷机诞生100 年左右，一位巴黎的装订工人移民到今天比利时的安特卫普，创办了一家装订作坊。他就是这里的第一代主人克里斯托夫·普朗坦（Christophe Plantin, 1514—1589）。普朗坦生于法国圣阿韦坦，小的时候在法国里昂和诺曼底地区学习装订、印刷和售书业务。

在大航海时代，安特卫普可是世界的一线城市，也是欧洲海上贸易的重要港口，一切新鲜事物都会迅速汇聚到这里，包括新兴的印刷术。据考证，早在1481年，安特卫普便已诞生了第一部印刷作品。16世纪初，这里已经有10余家印刷作坊了。普朗坦带着代表巴黎高新技术的铸活字铜字模来到这里，不仅建立了印刷作坊，还成立了黄金罗盘出版社。他出版的书籍多用插图，采用的是当时的铜版雕刻技术，而不是传统的木雕版，因此印出的画面细腻精美，加上他精心校对、装订美观，因而订单不断。1568—1573年，普朗坦得到西班牙国王腓力二世支持，获罗马教廷准许，出版了8卷多语版《圣经》，包括希伯来语、亚拉姆语、希腊语和叙利亚语等。这笔订单具有史诗级的意义，这批印制的《圣经》质量和数量均胜人一筹，因此一战成名，永留史册。自此，他的印刷事业版图进入跨越式发展：1576年在巴黎设印刷所，1583年在荷兰莱顿设印刷所。后来，他几乎垄断了荷兰南部信仰天主教地区的印刷出版业。1585年普朗坦告老还乡，回安特卫普养老。

1589年，有5个女儿却没有儿子的普朗坦去世，其印刷出版业务交由女婿莫雷图斯管理。经过莫雷图斯的努力，安特卫普进而成为继威尼斯和巴黎之后的第三大印刷重镇，由此改变和影响了近代欧洲的印刷版图。莫雷图斯家族因为对印刷业的突出贡献，后来被封为贵族。为了保留这份文化遗产，1876 年在比利时政府支持下，莫雷图斯家族将土地、房产、机械、图书馆与文献全都售给了安特卫普市，并于第二年以"普朗坦－莫雷图斯博物馆"之名对公众开放。

除了拥有精湛的手艺和精明的头脑，普朗坦还具有前瞻性的眼光。他在建立印刷厂之初就开始收藏古典文献。所以，现在博物馆里藏有 9 世纪写作作坊的手稿、1403 年的两卷本插图《圣经》，一直到 18 世纪的文献，共有 3 万多册古版书。其中，还包括令整个世界印刷业惊奇的、入选联合国教科文组织的《世界记忆名录》的那批账本文献。这些档案对于研究欧洲图书贸易和社会经济，以及动荡时期的文化传承、传播情况极为重要。

古色古香的普朗坦－莫雷图斯住宅－工坊－博物馆综合体，不仅深受比利时人民的喜爱，也吸引了来自世界各地的游客。博物馆拥有两台世界现存最古老的印刷机，还拥有完整的印刷设备、成套模具与字模、铅活字特藏。它也是世界上唯一保留完整的 16 世纪至 18 世纪的印刷厂建筑群，正因如此，联合国教科文组织 2005 年将普朗坦－莫雷图斯住宅－工坊－博物馆综合体列入《世界遗产名录》。

比利时普朗
坦－莫雷图
斯住宅－工
坊－博物馆
综合体里的
老式印刷机

9　波斯尼亚和黑塞哥维那的第一家印刷厂

　　波斯尼亚和黑塞哥维那简称"波黑"，位于欧洲东南
部，巴尔干半岛西北部。6世纪末7世纪初，部分斯拉夫
人南迁到巴尔干半岛，在波斯尼亚和黑塞哥维那定居。12
世纪末斯拉夫人在这里建立波斯尼亚公国，15世纪中后期
被奥斯曼帝国征服，19世纪沦为奥匈帝国属地，1918年
并入塞尔维亚－克罗地亚－斯洛文尼亚王国，1945年成
为南斯拉夫联邦人民共和国的一个加盟国，1991年10月
29日宣布独立。在行政及管理上波黑被分成三个实体：穆
克联邦、塞族共和国和布尔奇科特区。戈拉日代是波斯尼
亚－波德里涅州的首府，位于波斯尼亚和黑塞哥维那南部

德里纳河畔。这里正是波黑历史上最早的印刷厂所在地。戈拉日代印刷厂是塞族人最早的一批印刷厂之一，也是当今波斯尼亚和黑塞哥维那的第一家印刷厂。实际上，它的创建要追溯至 1519 年，它最初的地点并不在这里，而是在意大利威尼斯。

这段历史要从波齐达尔讲起。他是戈拉日代一位有名的商人，凭着商人的敏锐意识，他看到了作为新兴产业的印刷业商机无限。自 15 世纪末起，意大利威尼斯已成为世界印刷中心之一。于是，1518 年下半年，波齐达尔将自己的两个儿子送往威尼斯学习印刷技术。兄弟俩在那里购买了一台印刷机，并于 1519 年 7 月 1 日在威尼斯完成了他们第一本书的印制，这本书便是《牧师手册》。不幸的是，其中一个儿子在威尼斯去世。不久后，另外一个儿子特奥多洛夫将印刷机运送到戈拉日代。在这里，特奥多洛夫成立了戈拉日代印刷厂，地点就在今天戈拉日代附近的圣乔治东正教教堂。此后，该印刷厂印刷出版了教会的两本书：1521 年的《诗篇》和 1523 年的《小颂词》。1521 年的《诗篇》厚达 352 页。

然而，不知道什么原因，到 1523 年，戈拉日代印刷厂就关闭了，再也没有印刷生产。1544 年，特奥多洛夫的儿子，也就是波齐达尔的孙子将印刷机从戈拉日代运到保加利亚特尔戈维什特州首府特尔戈维什特，建立了罗马尼亚境内历史上的第二家印刷厂。此后，戈拉日代本地一直

波黑戈拉日代印刷厂，源自 1519 年，是波黑最早的印刷厂

波黑戈拉日代印刷厂 1521 年印刷的《诗篇》，红黑双色印刷，文字为铅活字，装饰图为木雕版

没有印刷书籍的印刷厂。假若当地有小量的出版需求，就委托威尼斯、维也纳、罗马及其他地区的印刷厂印制。直到 19 世纪下半叶，人们对于在波黑从事印刷和出版行业的兴趣才逐渐重燃。

1866 年，第一家现代民族出版社在萨拉热窝开业，其创办者是伊格尼亚特·索普隆。他既是一名记者，也是印刷出版商。出版社以创办者名字命名为索普隆出版社。这家出版社很快成为官方出版机构，后更名为自治区出版社，出版拉丁文、西里尔文、希伯来文和阿拉伯文书籍。1878 年奥匈帝国占领波斯尼亚和黑塞哥维那之后，自治区出版社更名为国家出版社，继续出版书籍。但在之后的历史长河中，朝代更迭，这家出版社已经悄然消失。

10　保加利亚文字印刷起源

保加利亚政治家格奥尔基·季米特洛夫曾精辟地把邮票比作"国家的名片"。的确，邮票的方寸之间反映着一个民族、一个国家、一个时代的物质创造和精神风貌，还体现了那个时期最先进的印刷及防伪技术。邮票以其独特的艺术形式成为人类历史文化的一种载体。1955 年 5 月 21 日，保加利亚印刷发行了纪念基立尔字母创制 1100 周年邮票：西里尔和迪乌迪乌迪斯、佩西·希伦达斯基、尼古拉斯·卡拉斯托亚诺夫的印刷机。透过这三幅精心绘画、雕刻的纪念图画，保加利亚文字早期的印刷历史得以铭记和流传。

　　保加利亚位于欧洲东南部的黑海之滨，绵延起伏的巴尔干山脉横贯东西。山脉的北边和南边分别是多瑙河平原和色雷斯的平原地区，前者与罗马尼亚隔着一条多瑙河，后者一直连到希腊和土耳其。来自中亚的突厥部落，公元4世纪与匈奴人一同抵达伏尔加河西岸的欧洲大草原，后来又受雇于拜占庭同奥斯曼人作战，逐渐接近黑海定居。

　　保加利亚文字采用基立尔字母。这种字母主要源于希腊字母，也有的以拉丁字母为基础而创制，如今应用于保加利亚、塞尔维亚、马其顿、俄罗斯和乌克兰等国及其他信奉东正教的独联体国家的语言中。不过被采纳的字母数量有所不同，例如，保加利亚语和塞尔维亚语各用了30个，

1955年5月21日，保加利亚发行的纪念基立尔字母创制1100周年邮票：西里尔和迪乌迪乌迪斯（4分）、佩西·希伦达斯基（8分）、尼古拉斯·卡拉斯托亚诺夫的印刷机（16分）

俄语用了 32 个，乌克兰语用了 33 个。

9 世纪，传教士西里尔和美多德兄弟共同创建了斯拉夫字母。兄弟俩都是神学家兼语言学家，受拜占庭皇帝和君士坦丁堡牧首（牧首为基督教高级主教的职称）的派遣，在斯拉夫人中传教，被后人尊称为"斯拉夫使徒"。他们在保加利亚建立了第一所斯拉夫文经院，既翻译希腊经书，又巩固了最早的斯拉夫文字。后来，西里尔的生日（5 月 24 日）被确定为保加利亚的教育节，用以纪念西里尔兄弟创造斯拉夫文字和对发展保加利亚文化、教育所做的贡献。

由于奥斯曼帝国禁止保加利亚境内出现出版社，早期的保加利亚语刊物主要分散在现今土耳其、奥地利、罗马尼亚、塞尔维亚等国境内出版。1840 年，保加利亚从美国进口了第一台印刷机。这台斯拉夫字体的印刷机当时放在小亚细亚的士麦那，现为土耳其的旅游胜地伊兹密尔。1844 年，康斯坦丁·福迪诺夫的《情词》在士麦那出版社创刊。这是第一份保加利亚文期刊，但印刷出版发行仅维持了一年多。

1844 年《斯拉夫 - 保加利亚史》一书在布达佩斯克拉列夫斯卡大学印刷厂首次印刷出版。该书被认为是保加利亚国家复兴运动的"号角"。书中的历史鼓舞了保加利亚人，他们已经被奥斯曼帝国统治了多个世纪，这本书启发了他们的国家和民族意识，拥护保加利亚语言。该印本现存于保加利亚科学院中央图书馆。这本著作在保加利亚影响深远，被后人广泛传抄、印刷和摘录。

1846 年，第一份保加利亚文报纸《保加利亚之鹰》问世。该报定位于民用、商用和文学，提供最新消息和欧洲要闻，但一共只出版了 3 期。

11　白俄罗斯"印刷之父"弗朗西斯科·斯科林纳

白俄罗斯共和国简称白俄罗斯。白俄罗斯人是东斯拉夫人的一支。9—11 世纪，白俄罗斯成为基辅罗斯大公国的一部分，13—14 世纪，其领土属于立陶宛大公国，1596 年从属于波兰－立陶宛王国，18 世纪末遭沙皇俄国吞并。1918 年 3 月 25 日宣布独立，建立白俄罗斯人民共和国。1919 年成立白俄罗斯苏维埃社会主义共和国。1922 年加入苏联，成为苏联加盟共和国之一。1991 年 8 月 25 日恢复独立，同年 12 月 19 日改称白俄罗斯共和国。

弗朗西斯科·斯科林纳勋章是 1995 年设立的白俄罗斯国家勋章，是以白俄罗斯和东斯拉夫民族著名的翻译家、作家、人文科学家、社会活动家、医学教育家和出版印刷家弗朗西斯科·斯科林纳（**ФранцискЛукич**

白俄罗斯弗朗西斯科·斯科林纳勋章，作为最高荣誉授予为国家文化领域做出贡献的公民

Скорина，1490—1551）的名字命名，以表彰他为白俄罗斯语的发展所做的贡献。

1490 年，弗朗西斯科·斯科林纳出生于白俄罗斯北部的波洛茨克。他在波兰克拉科夫大学获得哲学学士学位和医学硕士学位，然后赴意大利帕多瓦大学，获得医学博士学位。斯科林纳在布拉格开始自己的印刷业。他把 23 本带插画的《圣经》翻译成古白俄罗斯语，1517 年 8 月 6 日，在布拉格出版了东斯拉夫文字的第一本印刷图书，也是第一本古白俄罗斯语的《赞美诗集》。东斯拉夫语主要由俄罗斯语、白俄罗斯语和乌克兰语组成。白俄罗斯语源自古俄罗斯语南部方言，也就是古白俄罗斯语。8 月 6 日这一天被认定为白俄罗斯图书印刷业诞生的日子，也成为现在白俄罗斯的图书日。1520 年，斯科林纳来到维尔诺（今立陶宛首都维尔纽斯）开办印刷厂。1522 年印刷出版了《旅行手册》，1525 年出版了《问道者》。在文艺复兴的版画热潮中，斯科林纳也投身插画和版画印刷，技艺精湛。

斯科林纳首次将《圣经》从晦涩的宗教语言翻译为古白俄罗斯语并配图印刷出来，这对《圣经》的传播和白俄罗斯语的普及，以及印刷术的推广都起到了不可估量的作用。他被誉为白俄罗斯的"印刷之父"，在白俄罗斯的地位甚至超越了毕昇在中国的地位。时至今日，"斯科林纳圣经"语体仍然是白俄罗斯、波兰及捷克等东欧国家神学用语的基本语体，同时斯科林纳印刷的《圣经》和其他众多的神学书籍，也奠定了白俄罗斯语书籍在欧洲出版界的地位，传播了白俄罗斯语言文化。斯科林纳是白俄罗斯历史上享有最高地位的文化名人之一，在白俄罗斯各地都能找到他的雕像或以他名字命名的学校，白俄罗斯国家图书馆大门前矗立着他手拿《圣经》和钥匙的塑像。不仅如此，在俄罗斯的加里宁格勒和捷克的布拉格也有他的塑像。

2017年8月，白俄罗斯举办了一系列庆祝活动。白俄罗斯国家图书馆影印出版了21卷弗朗西斯科·斯科林纳的图书。这是斯科林纳在布拉格和维尔诺所出版图书的文集。这版文集大部分留在了白俄罗斯，作为主要图书馆、博物馆和档案馆的藏书，小部分赠送给国外用于研究和收藏，包括法国、波兰、拉脱维亚、捷克、英国、奥地利、瑞士、德国和比利时的图书馆，还包括联合国图书馆。

1997 年，白俄罗斯发行纪念弗朗西斯科·斯科林纳的邮票

12 捷克红色印刷与国际新闻工作者日

捷克共和国简称"捷克"，是位于中欧的一个内陆国家。623 年斯拉夫人在此建立萨摩公国，830 年建立大摩拉维亚公国，1198 年建立波希米亚王国，1620 年被哈布斯堡王朝吞并，1918 年 10 月 28 日与斯洛伐克联合建立捷克斯洛伐克共和国，1960 年改为捷克斯洛伐克社会主义共和国，1990 年改为捷克和斯洛伐克联邦共和国，1993 年 1 月 1 日起与斯洛伐克和平地分离，成为独立主权国家。

捷克人在近代印刷史上取得了许多项技术创新。如生于波希米亚霍斯廷内的卡尔·克利克发明将照相技术与凹版制版结合的现代刮墨刀式照相凹版制版技术，这一技术沿用至今。伟大的石版印刷术发明家逊纳菲尔德出生于布拉格。除了这些印刷技术发明者，还有一个人在世界范围的新闻出版界也影响深远，他就是捷克的民族英雄尤利乌斯·伏契克。他牺牲的那一天被确定为"国际新闻工作者日"，又称为"国际新闻工作者团结日"。

1903 年 2 月 23 日，尤利乌斯·伏契克出生于布拉格附近的一个小镇。他 17 岁时就向捷克斯洛伐克革命左派所办的报纸投稿。后来他加入《红色权利报》，成为一名编辑兼记者。1936 年后，德国纳粹的魔爪伸向了捷克斯洛伐克，以伏契克为代表的一批新闻工作者怀着强烈的爱国热情，写下了许多尖锐犀利的文章揭露纳粹分子

1960 年，捷克斯洛伐克发行纪念《红色权利报》创刊 40 周年邮票：《红色权利报》《尤利乌斯·伏契克》

的阴谋。1939 年 3 月 15 日，纳粹分子入侵捷克斯洛伐克，伏契克转入了地下斗争。由于叛徒的出卖，1942 年 4 月 24 日，他在一次抵抗组织的会议上被捕。在狱中，伏契克遭受了种种非人的折磨，但他以超人的意志克服了肉体上的痛苦，保持了积极的乐观精神，还组织领导了监狱里的政治斗争。他的伟大人格感动了一位监狱看守。看守给了他一些铅笔头和碎纸片。利用这些简陋的东西，他写下了那部举世闻名的不朽作品《绞刑架下的报告》。1945 年 5 月，纳粹战败，伏契克的妻子出狱，她从监狱看守那里得到了伏契克的手稿，并整理出版。这部凝聚着伏契克鲜血和生命的著作才得以同世人见面。伏契克本人没能等到这一天，于 1943 年 9 月 8 日被纳粹分子秘密杀害。

伏契克的《绞刑架下的报告》已经被译为 90 余种文字，在世界各地出版过 300 多个版本，成为出版史上的不朽传奇。为了纪念伏契克，1958 年 5 月，在布加勒斯特举行的国际新闻工作者协会第四届代表大会上，确定每年 9 月 8 日为"国际新闻工作者日"。

捷克最早的铅印报纸是创刊于 1719 年的德文报《布拉格新闻》。1920 年 9 月，左翼社会民主党机关报《人民权利报》印刷发行。印刷出版两期后于同年 9 月 21 日起改名为《红色权利报》，用捷文在布拉格出版。该报在捷克斯洛伐克共产党的创建过程中起过重要作用，1921 年 5 月捷克斯洛伐克共产党建立后，该报成为党中央委员会机关报。第二次世界大战德国法西斯占领期间，被迫转入地下秘密编印，战后恢复公开出版。直到 1990 年 11 月 6 日，该报宣布脱离捷克共产党，成为独立经营的报纸。1993 年捷克斯洛伐克解体后，改组为捷克左派综合性日报，更名《权利报》。2016 年 3 月 26 日在对捷克共和国进行国事访问前夕，中国国家主席习近平在《权利报》发表题为《奏响中捷关系的时代强音》的署名文章。

13　安徒生家乡的第一台印刷机

一提到丹麦，中国人就会想起安徒生。只要小时候读过童话的，就没有不知道安徒生的。前任丹麦首相赫勒·托宁·施密特曾感叹："在全球范围内，我们还没看到像中国这样喜爱安徒生童话的国家。"《卖火柴的小女孩》《海的女儿》《皇帝的新衣》《夜莺》……安徒生创作的童话故事甚至写进了我们小时候的课本中，绝对可以说是家喻户晓。但是，关于这位伟大的作家的故乡，多数人恐怕是不甚了解。巧合的是，安徒生的故乡正是丹麦现代印刷业起源的地方。在我看来，这并不是巧合，而是必然。印刷术的伟大正是如此，它是文明之母、文化之光。

1805 年 4 月 2 日，安徒生出生于丹麦欧登塞的一个鞋匠家庭。欧登塞是丹麦的第三大城市，是全世界最幸福的城市之一。这座城市除了有安徒生，还有被誉为丹麦音乐史上伟大的音乐家——卡尔·尼尔森。在现代，这里也是一座拥有创新活力的城市。在中世纪时期，欧登塞曾经是丹麦神职人员的中心，拥有众多的修道院和教堂，很多欧洲其他地区的教徒来到这里朝圣。

15 世纪中叶，谷登堡用铅活字印刷机印刷出《42 行圣经》之后，印刷术如同星星之火，燎遍了欧洲，各国争相引进印刷术。1482 年，丹麦的卡尔·罗恩诺夫主教将德国印刷商约翰·斯内尔带到欧登塞。斯内尔是 15 世纪下半叶欧洲的新兴产业——印刷行业的拔尖人才之一。在那个时代，

1482 年，印刷出丹麦第一本书《布雷维亚·奥托尼尼斯》的木质手扳式印刷机纪念邮票

拥有铜字模和印刷机，便是拥有传媒高科技，便是拥有出版的核心竞争力，因而，他受到各地的盛情邀请。他到欧登塞创办教会印刷所，印刷出祈祷书《布雷维亚·奥托尼尼斯》，该书被认为是斯堪的纳维亚半岛上的第一部印刷作品。同年在欧登塞，斯内尔还印刷了法国作家纪尧姆·科尔辛著的畅销书——《罗德岛大围攻》。由于纪尧姆·科尔辛亲历了1480年奥斯曼帝国对罗德岛的进犯，他的《罗德岛大围攻》成了这场战役最直观生动的史料。这两本欧登塞最早用铅活字印刷的书现在典藏于丹麦皇家图书馆。

斯内尔在丹麦只待了一年，开启了丹麦印刷业之后，他又被邀请到了瑞典。1483年，他在斯德哥尔摩的一个方济会修道院，出版了瑞典的第一本由铅活字印刷的书。不过，以上由斯内尔印刷出版的书籍都是拉丁文字，这大概是因为斯内尔本人拥有一套拉丁字母的铜字模，所以他可以轻易铸造出拉丁文的铅活字。

为了纪念斯内尔的创举，1984年，欧登塞建起了一座丹麦映像博物馆（Danmarks Grafiske Museum），现更名为欧登塞媒体博物馆（Odense Media Museum），博物馆内大约有10万多件藏品，包括近现代报纸、杂志、广告、插图、新闻照片、印刷机等。从1493年开始，丹麦的印刷主要在哥本哈根进行。

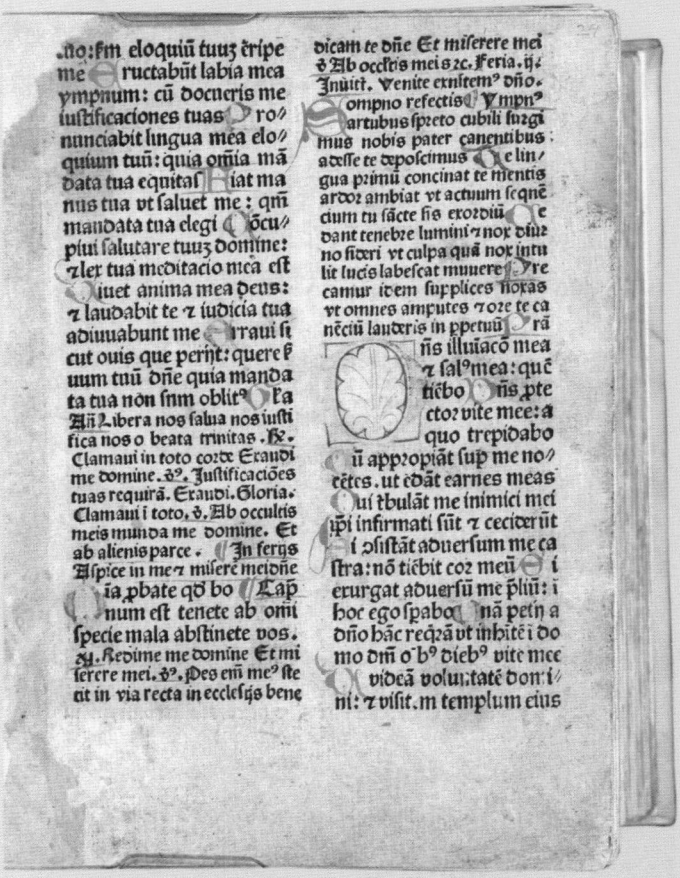

《布雷维亚·奥托尼尼斯》，彩色字母为手工绘写

14　爱沙尼亚报纸集体"开天窗"事件

爱沙尼亚共和国简称爱沙尼亚，与南方的拉脱维亚和立陶宛并称为波罗的海三国，是一个发达的资本主义国家，被世界银行列为高收入国家。爱沙尼亚风光优美、历史悠久、文化深厚，旅游资源非常丰富。

在欧洲风靡谷登堡印刷术的时候，爱沙尼亚还没有成为独立的国家。这片土地在 13—16 世纪时先后被普鲁士和丹麦侵占，16 世纪被瑞典、丹麦和波兰瓜分，17 世纪全境被瑞典占领，18 世纪并入俄罗斯帝国。所以爱沙尼亚很难形成自己的印刷历史。但有记录表明，1525 年第一本爱沙尼亚语书籍活字印刷出版。也因此，2000 年 4 月 22 日爱沙尼亚的邮政局发行了一枚邮票以纪念这一伟大事件 475 周年。遗憾的是，这本书并没有遗存下来，连书影都没有留下。总之，爱沙尼亚的印刷出版史多少显得有些苍白，似乎没有可圈可点的地方。然而，2010 年 3 月 18 日，爱沙尼亚的报刊界联合行动，制造了一个"开天窗"事件，一时间成为世

2000 年 4 月 22 日，爱沙尼亚的邮政局发行了纪念第一本爱沙尼亚语书籍活字印刷出版 475 周年邮票

界新闻出版业的"头条"新闻。

有据可查的最早"开天窗"的报纸，是1690年9月25日波士顿出版的美国第一张报纸《国内外公众事件》。该报的创刊号（也是终刊号）只有4个版，其中第4版整版空白。空白版面的目的是让读者可以在留白处写上个人的"旧闻"或者"新闻"观点，并可以将自己的观点传递给邻居。所以，这页留白的意义可与现代的博客相媲美。可惜这份具有"后现代"意识的报纸只印刷了一期便被政府取缔。后来"开天窗"的目的和意义发生了改变。现在新闻界对开天窗的定义为："报纸版面被迫抽去稿件而形成的空缺，是报纸抗议新闻检查的一种方式，报纸为了抗议某种检查或高压，又要读者知道真相，有意在版面上留下空缺，因形同天窗，故名。"

2000年3月18日，爱沙尼亚民众从街头购买当地报刊时惊讶地发现，包括爱沙尼亚发行量最大的报纸《晚报》、发行量第二的《邮差报》，以及《爱沙尼亚快报》《爱沙尼亚日报》等主流报纸，其头版正文部分全部是空白。一个国家的主流媒体集体在头版"开天窗"，这种事情在世界范围内十分罕见。到底是什么原因呢？

《邮差报》的网站上刊登的一篇题为《没有根据的限制》的文章披露了人们想要的答案。原来这次爱沙尼亚媒体"开天窗"的集体行动，是为了抗议由爱沙尼亚司法部部长提出的一份限制新闻自由的法律草案。这一草案规定：

媒体记者在政府认为有必要时，必须公开其消息源，如果拒绝将受到惩罚甚至面临牢狱之灾。

15 "字母印刷之父"——谷登堡

德国人谷登堡被西方人尊为"印刷神"，世界各国学者也给予他各种尊号。

约翰内斯·谷登堡出生于德国美因茨的一个城市贵族兼商人家庭。他所在的时代，德国并不叫德国，而是神圣罗马帝国，版图以日耳曼尼亚为核心，包括一些周边地区。从15世纪初起，帝国各地开始割据。谷登堡的一生就身处帝国割据的乱世中。从1434年到1444年谷登堡住在斯特拉斯堡（今属法国）。1439年他与合伙人一起创业，制造一种合金镜子，准备卖给去亚琛（今属德国）的朝圣者。结果，创业失败，他因此被告上了法庭。正所谓"失败是成功之母"，铸镜子的经验也为他的伟大发明悄悄地埋下了伏笔。因为此时他所接触的金匠圈子正处在研发雕刻铜版、印刷铜版的工艺技术热潮中。谷登堡本人并没有钻研刻铜版画，而是准备围绕铜版开发"文创产品"。他以字母为中心，研究出了制作铜字模的方法。从此铜字模成为秘密武器，"得字模者得天下"。有了铜字模，就可以铸造出无数的铅活字，他因此萌生了建立一个印刷厂的计划。

谷登堡于 1455 年印制完成的《42 行圣经》

他从当地商人约翰内斯·福斯特那里借了一笔钱来办这个印刷厂。

谷登堡从当时压榨葡萄汁的立式压榨机受到启发，将一台木制的压榨机改装成第一台印刷机。经过不断地调试，不断地改进，最终实现了高质量的印刷。他印刷的第一部完整作品是著名的《谷登堡圣经》，共2卷，合1282页，每页上有42行，因此又被称为《42行圣经》。《谷登堡圣经》印刷精美，远比要耗时一年的手抄《圣经》快捷、便宜。这本《谷登堡圣经》当时仅印制约180部，其中约150部印在纸上，另约30部则用更加贵重的上等皮纸印刷而成。现存的48部分布在德国、比利时、法国、奥地利、日本、梵蒂冈、丹麦等国。

1456年，谷登堡与福斯特发生分歧，最终导致双方合作破裂。法庭将整个印刷厂及《42行圣经》的铅版等判给福斯特。后来谷登堡在美因茨市长胡默莱和大主教阿道夫二世的援助下，赎回了部分原有的器械，新建了一座印刷厂。1462年，美因茨在两位大主教的冲突中被洗劫。谷登堡被流放，印刷厂的工人也流落各地。他发明的印刷术在欧洲迅速传播，在随后兴起的文艺复兴、宗教改革、启蒙运动和科学革命等运动中扮演了至关重要的角色。

1465年，谷登堡被大主教授予宫廷侍臣的称号。1468年2月3日，谷登堡去世，被埋葬于美因茨的方济会教堂。该教堂和墓地后来被毁。16世纪开始，崛起的西方知识分子团体之中兴起了印刷史的研究热潮，谷登堡被一浪高过一浪地歌颂和传扬，名满天下。实际上，他没有在生前留下任何的影像。直到 1567 年，他的第一幅"肖像"出现在一本有关德国名人传记的书中，这幅肖像是依据后人想象创作的。

谷登堡发明的两个核心，一是可"无限次"铸造铅活字的铜字模，二是根据压印原理制成的木质印刷机。谷登堡的发明无疑是伟大的，中国人同样敬佩。不过，中文和西文是两个完全不同的体系，自创始到今天都在两条完全不同的轨迹上运行着。西文只有数十个字母，西方的历史就是由这数十个字母拼出来的历史。而中文有上万个单字，中国的历史是由汉字写就的。在中国，早就有了造纸术和印刷术，书籍的生产和复制在中世纪从来都不是难题。而彼时的西方，没有造纸术和印刷术，知识长期掌握在少数人手中。谷登堡宛如"天选之子"，他正逢其时：欧洲造纸厂刚刚准备就绪，印刷术已开始在西方流传，万事俱备，只欠技术创新。他的发明一问世，就如同闪电划破夜空，一时间，欧洲被点燃。但他的发

1954 年德国发行的纪念谷登堡印刷《圣经》500周年邮票

明，一直没有受到中国人的青睐。除汉字数量庞大，字模的制作、排版、拆版"难于上青天"这个原因之外，中国传统文化骨子里甚至认为这种机械性的活字缺乏美感。直到 19 世纪，中国新闻报刊业兴起，中文印刷才被迫接纳了可以重复铸字，以便迅速、大量印刷文字的谷氏印刷术。所以在中国，铅活字印刷术只应用了 100 多年。而且铅活字印刷仅限于文字，并不能印刷图像。所以谷登堡的印刷术对中文世界的影响很有限，直到今天，对于中国人来说，古籍善本这个概念基本上与铅活字本无关。

16 蒸汽印刷机之父——弗里德里希·科尼希

德国是一个高度发达的资本主义国家，欧洲四大经济体之一。以汽车和精密机床为代表的高端制造业是德国的重要象征。在印刷机制造领域，德国更是一骑绝尘，始终延续着谷登堡创造的辉煌。在 500 多年的历史进程中，西方印刷业第二位伟大发明家当数弗里德里希·科尼希（Friedrich Koenig，1774—1833），他是"蒸汽印刷机之父"，开创了印刷机史上的第二个里程碑。

弗里德里希·科尼希出生在德国一个农民家庭，先是在莱比锡的印刷厂当学徒，然后成为印刷工。1803 年，科尼希设计了一种用齿轮控制印版台升降和轴滚筒加油墨的印刷机，他的这一改进是与普通手压机相结合的。能否用蒸汽动力代替手动印刷机的繁重劳作？这一想法在弗里德里希·科尼希的脑海里始终挥之不去，这位资深印刷工和天才发明家最终决定将旋转滚筒引入印刷工艺。这就是轮转印刷的由来。1806 年科尼希来到英国，不久他遇到了他的同乡安德烈亚斯·鲍尔（Andreas Bauer，1783—1860）。鲍尔是一位精密仪器制造工，拥有科尼希缺乏的机械技能。他们二位在 1810 年和 1814 年之间不断创造、创新，获得了 4 项专利。

他们接到泰晤士报社的订单，为印刷日报制造印刷机。

1814 年弗里德里希·科尼希发明的蒸汽印刷机，高宝博物馆展出的一台 1∶2 的复制品

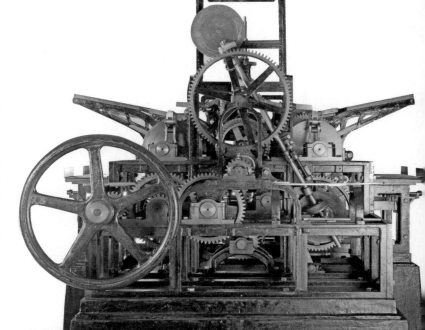

1814 年 11 月 29 日，在谷登堡发明手动印刷机 360 年后，科尼希与鲍尔共同研制的新型蒸汽驱动双滚筒印刷机首次在伦敦成功印刷《泰晤士报》。这台印刷机的出现是印刷业的巨大飞跃。这台印刷机每小时印刷量可达 1100 个印张，相比谷登堡手动印刷机的 240 个印张，生产效率提高了近 4 倍。双滚筒印刷机带来了三个方面的革命：一是以机器替代了人工；二是印刷速度实现了飞跃；三是降低了印刷品的价格，知识得以进一步下移。

1817 年 8 月 9 日，在紧邻维尔茨堡的上采尔，两位先驱在一家修道院创办了世界上第一家印刷机工厂——科尼希 & 鲍尔快速印刷厂。1832 年，弗里德里希·科尼希提出了研制一台卷筒纸轮转印刷机的构想，但是这位发明家于 1833 年离开了人世，未能完成这一伟大构想。他的未竟事业由他的妻子凡妮·科尼希与合伙人安德烈亚斯·鲍尔继续完成。其他来自德国、英格兰、奥地利和美国的印刷机制造商也开始大量涌现，他们的各种奇思妙想不断推动印刷机制造技术的改进。科尼希和鲍尔的公司在印刷历史上陆续树立了数不胜数的里程碑事件。在其 200 多年的历史中，一直是全球高速报纸轮转印刷机领域的市场领先者。时至今天，其主厂已从上采尔迁至美因河对岸，当时那个设立在修道院里的小小车间已华丽变身为全球最大的印刷机制造集团之一。今天，科尼希 & 鲍尔股份公司在中国被称为高宝公司。科尼希的这一开创性发明，即通过旋转滚

筒引导纸张，并采用机械供墨形式进行印刷的方式依然为
传统印刷所采用。数码印刷现在也采用旋转滚筒和辊子传
送纸张。

17　来自根西岛的印刷传奇德纳罗

　　根西岛也被译为格恩西岛，首府为圣彼得港，为英国
三大皇家属地之一。1793 年 3 月 24 日，这个只有 78 平
方公里（行政区面积）的小岛上的一个小村庄里，诞生
了一个婴儿，他的名字叫托马斯·德纳罗（Thomas De La
Rue，1793—1866）。他的父母亲绝对没有想到，他们这
个出身低微的儿子，多年后能成为享誉世界的传奇。他不
仅成为赫赫有名的"现代扑克牌之父"，还是全世界最大
的"商业印钞厂之父"。

　　托马斯·德纳罗家一共 9 个孩子，他排行第七。他的
一个哥哥是圣彼得港重要的印刷商，负责印刷《根西岛宪
报》，这是岛上最早的印刷报纸。10 岁开始，德纳罗就在
哥哥的印刷厂当学徒，可谓是"出道要趁早"。在此期间，
他对印刷术有了透彻的了解。1813 年，风华正茂的他开
始独立创业，创办法语报纸《政治镜报》，这被视为德纳
罗公司的发端。1818 年，他与家人一起移居伦敦。1821
年，德纳罗的公司在伦敦开张，业务包括印刷、文具销售、

根西岛发行的纪念邮票：德纳罗和他创建的扑克印刷王国

装饰品制作。几年后，他又瞄准了一个更加赚钱的行当——印扑克，并开始潜心钻研。在他起步的时代，扑克牌都是雕版印刷的，如同中国的年画一样，先印墨线，然后手工上色。他将铅活字技术引入到纸牌印刷，针对扑克牌印刷进行了系列技术创新，包括速干彩色墨水、上光技术，以及使用铜版纸印制等。1831 年，他发明的扑克印刷技术获得英王威廉四世颁发的专利许可证。他的扑克成了当时的热门畅销商品，销往世界各地。至 1868 年，德纳罗扑克牌的年产量达到 265048 盒。因为出色的印刷能力，他被公认为"现代扑克牌之父"。

1846 年，德纳罗注册了另一项发明专利——信封制造机。此机器一小时可生产 2700 个信封，1851 年被送到在英国伦敦举办的第一届世界博览会上展出。1853 年，德纳罗揽下英国的印花税票业务。1855 年，德纳罗公司开始为英国印刷红色的四便士邮票，之后又陆续揽下多个英国殖民地的邮政印刷业务。1866 年 6 月 7 日，托马斯·德纳罗与世长辞。在他闭眼的时候，大概也没有想到，子承父业的后辈们能将他开创的事业发扬光大，并成为世界最大的商业印钞公司。德纳罗无疑是人生赢家，是不朽的传奇。

1860 年，德纳罗接到了第一笔印钞订单——为英国当时的殖民地毛里求斯印刷纸币，这是他的公司正式向印钞领域迈出的第一步。1914 年，德纳罗的公司受英国财政部委托首次承印英镑纸币。很多中国人第一次见到"德纳罗"这个名字，恐怕还是在民国纸币上。1930 年，德纳罗的公司首次揽下中国的印钞订单，此后的 18 年里，中国一直是德纳罗公司的 VIP 客户。多么神奇的一段历史！11 世纪发明纸钞的国度，20 世纪竟由英国人印刷钞票！

进入 20 世纪中叶后，经过了百年积累的德纳罗公司迎来了迅猛发展，印钞业务蒸蒸日上。1947 年，德纳罗公司在伦敦股票交易所挂牌，成为上市公司。接着，德纳罗公司开展了一系列眼花缭乱的收购。1961 年，德纳罗公司兼并了昔日的竞争对手英国华德路公司；1986 年，收购英国布拉德伯里·威尔金森印刷公司；1995 年，买下从 1724 年开始为英格兰银行提供印钞纸的波尔特集团……德纳罗公司之所以能"从小牛到大"，主要还是注重核心技术创新。200 多年的发展历程中，德纳罗公司创新的步伐从未放慢。1967 年，德纳罗公司和英国巴克莱银行共同研发出了世界上第一台 ATM 机。2013 年，德纳罗公司首次使用自主研发的聚合材料"安全卫士"（Safeguard™）为斐济印刷了 5 元新钞。德纳罗公司还对光彩光变技术做了进一步改良，研发出了环状光彩光变（Orbital™）防伪技术。人们能在环状光彩光变图案中看到一个会随着视角变化而放大缩小的光环。

发展到 21 世纪的德纳罗公司已成为目前世界首屈一指的商业印钞公司，它承接印刷全球 150 多种钞票，业务遍及各大洲。简直不可思议！

18　法罗群岛的第一本印刷书

法罗群岛位于挪威和冰岛中间的位置。岛上居民多为斯堪的纳维亚人后代，少数为凯尔特人或其他人。语言以法罗语为主，通用丹麦语，现为丹麦的海外自治领地。美国《国家地理》杂志在全世界 100 多个群岛中评选世界最美群岛，法罗群岛排名第一。

1981 年，法罗邮局委托雕刻师马克斯·穆勒手工雕版印刷一套 5 枚的邮票，用 5 件法罗群岛上最珍贵的文物，讲述法罗群岛的文字历史和文化遗产，它们是如尼石、民歌、羊皮纸书信、《法罗岛和法罗人》和印章。

其实法罗群岛上可考的文字记录历史只有1000多年。最早的文字叫作"Rune"，中文译为如尼、鲁纳、卢恩符

1981 年，法罗邮局委托雕刻师马克斯·穆勒手工雕版印刷的邮票

文等。它是古代北欧的字母，即古斯堪的纳维亚文字。法罗人除了把这些字母当作文字使用，也会将这些文字刻在兽皮、木片、石子、水晶、金属或是代表属于这些符号的宝石上面作占卜之用。如尼石便是刻有如尼字的石头，在法罗群岛，现存最早的如尼石刻于公元 800—1000 年间。每一颗如尼石上的符号都叙述了故事和奥义，象征古代的文化精髓。

　　法罗群岛上人口只有数万，却坐拥 8 万多头绵羊，可谓是羊比人多，故被称为绵羊岛，自然而然，羊皮纸是这里的特产之一。岛上没有森林，也就没有造纸业；岛上也不产莎草，羊皮纸就成为这里早期的最佳文字载体。岛上现存最早的羊皮纸书信写于 1298 年。1600 年这些信被带到了挪威的卑尔根，大约 100 年后又从那里到达瑞典的斯德哥尔摩，并被保存在瑞典皇家内阁中。后来，它被委托给斯德哥尔摩皇家图书馆保管。1989 年 12 月 7 日，瑞典政府决定将它归还法罗群岛，并委托给法罗群岛的档案馆保存。

法罗群岛用蜡封火漆印章的历史可追溯到 14 世纪。现存最早的火漆印盖印于 1533 年 8 月 15 日。印章上面印有古代法罗群岛的徽章，是一只公羊。印章上还环绕着刻印有拉丁文文字"S：LOGRETTVMANNA A：F"。

法罗群岛人最珍爱的一本印刷书便是由卢卡斯·雅各布森·德比斯（Lucas Jacobson Debes，1623—1675）著的《法罗岛和法罗人》。德比斯是丹麦神父，并且还是一名才华横溢的地形学家。他于 1652 年到达法罗群岛，后来成为那里语法学校的校长。1658 年，德比斯前往哥本哈根。那时期，丹麦和瑞典几乎处于战争状态，他在旅途中途船被瑞典人接管，德比斯成了哥德堡的囚徒。幸运的是，德比斯通过他的专业知识和讲道赢得了指挥官的信任，他在第二年被释放。被释放后，他按照原定计划成功到达了哥本哈根。德比斯在哥本哈根期间于 1673 年获得硕士学位。1675 年，德比斯在返回法罗群岛后去世。

德比斯因为这本描述法罗群岛及岛上风土人情的著作而广为人知，该书于 1673 年在丹麦首次印刷出版，书中还包括法罗群岛的第一张地图，弥足珍贵。这本书很快就在欧洲得到关注，1675—1975 年，欧洲各国用英语印刷了 22 个版本。这是有关法罗群岛的最早的印刷书籍，也是法罗群岛的文字历史依据。

19　到底哪本是芬兰第一本印刷书？

芬兰位于欧洲北部，是圣诞老人的故乡，也是一个高度工业化、自由化的市场经济体，人民幸福指数相当高。21世纪以来，芬兰国家图书馆对瑞典在芬兰统治时期出版的国家馆藏中的很多作品进行了数字化处理，并使其可以在线获取。在阿米尔文化基金会和国家图书馆文化遗产基金会的支持下，现已提供1600多种馆藏珍品在互联网与全世界共享。其中最古老的就是1488年印刷的《弥撒书》(*Missale Aboense*)。

在印刷技术步入字模铸字的印刷机时代，芬兰正处于瑞典统治之下。1488年的《弥撒书》就是这一时期印刷出版的。15世纪下半叶，芬兰一直没有建起一家印刷厂。米萨尔·阿博恩斯于1488年应图尔库主教康拉德·比兹和迪恩·毛努的要求，将印刷业务委托给了德国吕贝克的印刷厂。这本弥撒书的内容包括根据教会年份安排的经文和祈祷文。根据图尔库主教在此书中的序言可知，该书印刷日期为1488年8月17日。这是芬兰历史上唯一的摇篮本。摇篮本专指15世纪用铅印机印制的书籍，也就是1500年以前的印刷本，凤毛麟角，弥足珍贵。

该书使用羊皮纸，采用红色和黑色双色油墨印刷，较大的缩写和一部分插图是手绘的，手绘部分均使用金色，全书厚达550页。现有4本《弥撒书》保存较为完好，其中最完整且原本装订的来自哈利科教堂，现保存在哥本哈根皇家图书馆。500 多年过去了，它仍然以印刷精良、版式优美吸引人们的目光。

《弥撒书》被认为是芬兰的第一本印刷书，但它并不是在芬兰本土印刷的，也不是芬兰文字，而是拉丁文。第一本芬兰文字的印刷书印刷于 1543 年，是由米卡埃尔·阿格里科拉（Mikael Agricola，1510—1557）出版的《ABC书》。阿格里科拉在维滕贝格大学学习神学，在那里他遇到了马丁·路德和菲利普·梅兰顿，并成为路德教倡导者。回国后，他成为大教堂学校和图尔库主教的校长。《ABC 书》是一本拼写普及读物，以帮助芬兰人学习用母语进行的阅读和书写。本书的第一部分是入门；第二部分是教会，包括诫命、信仰、圣礼和祈祷。阿格里科拉因此被认为是芬兰字母的发明者，被誉为"芬兰字母之父"。1548 年左右，他还翻译出版了芬兰文的《新约》。

不过，无论是拉丁文的《弥撒书》，还是芬兰文字的《ABC 书》，都不是在芬兰本土印刷的。芬兰人自己印刷的芬兰文字书籍要等到第一个印刷厂建立之时，也就是 1642 年之后了。

芬兰 1488 年印刷的《弥撒书》，现藏于芬兰国家图书馆

米卡埃尔·阿格里科拉和《ABC 书》封面纪念邮票

20　造纸大国芬兰为何树越来越多？

　　20 世纪以来，芬兰的造纸技术一直处于世界领先水平，造纸业长期以来都是芬兰的支柱产业之一。芬兰是世界第二大纸张、纸板出口国，占世界出口量的 25%，同时也是世界第四大纸浆出口国。全球前十强造纸企业中芬兰便有 2 家。芬兰拥有丰富的森林资源，69% 的土地被森林覆盖，其森林面积达 2600 万公顷，人均林地 5 公顷，居世界人均林地的第二位。在中国深受造纸厂带来的污染困扰的时候，芬兰却能做到风清水净，其森林覆盖率并没有因为其发达的林产工业而降低，反而在保持原有覆盖率的基础上略有提升，成为全世界学习的榜样。那么芬兰造纸工业到底有哪些可以借鉴的有益经验呢？总的来说，造纸业的可持续发展主要得益于完善的森林管理制度和完备的净化系统。

　　以芬兰造纸企业 UPM 集团为例。UPM 在中国叫芬欧汇川，是世界领先的跨国森林工业集团之一，也是世界最大的杂志纸、标签纸生产商。主要产品包括杂志用纸、新闻用纸、高级和特种纸、纸品加工产品和木制品等。芬欧汇川集团在世界十多个国家建有生产企业，在中国江苏省常熟市、上海市均建立了纸厂。集团拥有 100 多年的历史，它的发展历程见证了整个芬兰造纸业的百年变迁，旗下还拥有一个列入世界文化遗产的工业遗址博物馆。

　　这个博物馆以韦尔拉磨木纸板厂为核心。韦尔拉磨木

芬兰韦尔拉磨木纸板厂工业遗址博物馆

纸板厂是 1872 年由一个叫胡戈·纽曼（Hugo Nauman, 1847—1906）的工程师创建的。该工厂位于芬兰首都赫尔辛基东北约 140 公里的科沃拉自治市。1876 年工厂在大火中化为灰烬，1882—1885 年重建，1892 年又遭火灾，木材干燥场被烧毁，工厂改建成红砖结构。后来这个造纸厂被库迈尼公司收购。今天的芬欧汇川集团便是在 1995 年由库迈尼公司和 Repola 公司及其下属的联合纸业公司合并而成的。

　　芬兰最初以木材加工和造纸业的繁荣带动经济发展，韦尔拉磨木纸板厂的设备是当时最先进的。韦尔拉磨木纸板厂是斯堪的纳维亚工厂建筑的典型代表。经营者的住宅在河边，周围是花园，可以俯视工厂；工人的房屋建在河的另一边，排列非常整齐。但工厂在 1964 年 7 月 18 日倒闭。库迈尼决定保留这个工厂并把它改建成工业遗产博物馆。这个工厂中原来工人居住的房屋被用作这家公司其他工厂雇员休闲娱乐之所。将这样一个大的工厂建筑和它的所有设备，以及附属设施改建成博物馆，这在当时的芬兰乃至于全世界都是一个高瞻远瞩、深思熟虑的创举，在今天看来更是如此。工厂的保存要归功于当时的库迈尼经理人同时也是历史学家的韦科·塔尔维先生，1982 年，他还出版了名为《韦尔工厂博物馆》一书，记录了工厂的生产场景和当时韦尔地区的民俗。

1996 年，韦尔拉磨木纸板厂被联合国教科文组织列入《世界遗产名录》。

21　西术东渐的先锋皇帝——乾隆

铜雕版画于 15 世纪在欧洲兴起，伴随着文艺复兴的浪潮，很快形成繁荣的版画复制市场。许多文艺复兴时期的美术巨匠也擅长版刻。法国是 18 世纪欧洲版画复制业的中心，著名的雕版师都云集巴黎。为适应不同的复制需求，版刻家们在实践中陆续发明了一些新的制版方法，如炭笔式制版法、粉笔式制版法、腐蚀铜版法等。这些方法极大地增强了铜版线条的细腻度和层次感，提升了版画的艺术性和写实性，风靡世界，成为重要的大众文化传播手段。在照相制版术诞生之前，铜版画担负起了两个职能：一是记录历史场景，以纪实图片的形式向大众传播；二是美术珍品复制，用写实的方式将传世名画印制成铜版画，传承艺术、美化生活。

乾隆是中国历史上知名度最高的皇帝之一，是影响中国18世纪以后历史进程的重要人物。时至今日，他依然是诸多文学影视题材热衷表现的人物。1757年，清帝国武装平定了准噶尔部叛乱，这次胜利被乾隆皇帝认为是自己的重大武功。于是，乾隆请他非常欣赏的宫廷画师意大利人郎世宁领导一个由法国画家巴德尼（中文名王致诚）、波希米亚籍的耶稣会士艾启蒙和罗马耶稣会士安德义等人组成的创作团队，绘制16幅凯旋图组画。但是，"独乐乐不如众乐乐"，只是自我欣赏对于乾隆来说是远远不够的，他希望将这些凯旋图分发给各地，广为传颂，让子子孙孙永远瞻仰。要达到这个目的，只能依靠印刷术。乾隆早就见识过西方人转呈而来的精美铜版画作品，并十分欣赏，他决定将画稿送往法国印刷。此事交由两广总督李侍尧负责，广州十三行落实。倍感责任重大的广州同文行总商潘启，联合其他行商，共同与法国东印度公司签订合同，委托法国制作《平定西域得胜图》组画。1765年首批画作送达巴黎，一时成为轰动法国的国家事件。当时欧洲各国都想打开和中国进行贸易的大门，这单皇家委托的文化

《平定西域得胜图》中的《郊劳回部成功诸将士图》铜印版，现藏于德国国家博物馆民族博物馆

《郊劳回部成功诸将士图》

项目，受到法国官方重视。

画稿运到法国后，法国外交大臣伯坦命法兰西皇家艺术院院长马立尼侯爵亲自安排，一个由当年法国最优秀的铜版画家柯升主持的项目小组立即展开工作，并由巴黎著名工匠勒拔负责雕刻。按照法国传统，他把自己的名字也刻印在了画面下方。历时5年，1770年第一块铜雕版才运抵中国。直到乾隆四十二年（1777），法方才将所制16块铜版全部完工，并每张图各印制了200张铜版画，配上印制工具和专用纸张墨汁，送达北京。自1764年郎世宁起草画稿开始算起，前后共历时13年。这套宝贵的铜雕版一直保存在紫禁城中，1900年八国联军侵入北京，这套珍贵且沉重的铜版被劫，流散海外。这套得胜图铜雕原版目前有3块在德国柏林国家博物馆的民族博物馆内，其余下落不明。所幸故宫博物院和台北故宫博物院均藏有原版册页，另外法国国家图书馆、罗浮宫等地也皆有留存。

乾隆四十年（1775）至嘉庆年间，清朝宫廷希望再将几张作战纪实图制作成铜版画，这时已不需要送到法国去制作，由北京的耶稣会士蒋友仁画师指导来自广州的工匠，成功地制作出中国铜版画。至此，中国的铜版画也进入了大众传播领域，成为传统雕版印刷之外的一种补充手段，成为现代印刷术"西术东渐"的佳话。

这次中西方艺术交融的跨国合作，令《平定西域得胜图》成为世界印刷历史上第一部越洋合作的佳作，是真正中西合璧的铜版画，也是 18 世纪中西政治、经济、文化交流的历史见证。

22　发明照像是为了印象

当今是读图和小视频的时代，谁还不会摄个影呢？拿起相机，人人都是摄影师。实际上，相机也正在进入历史，人们用手机就能实现高像素的拍照功能。这人见人爱的摄影术是如何发展到今天的呢？

照相其实应该叫作印象或印像，相片原本为象片或像片，至少在其发明的初期，印刷图像是其主要目的。公认的世界上第一幅照片是由法国人尼埃普斯于 1826 年拍摄出来的，但是现在全世界公认的摄影术的发明者却是法国艺术家、化学家路易斯·雅克·芒代·达盖尔（Louis Jacques Mandé Daguerre，1789—1851）。发明历程经历了许多的曲折，闪耀着无数的智慧。令人惊奇的是，那些年，包括摄影术在内的一系列黑科技，很多都是由画家发明的。

18 世纪末的石印技术诞生之后，在欧洲很快转化落地，石印版画成为风尚。19 世纪上半叶，在世界版画的中心法国，艺术家和工匠们执着地在石印制版上寻找突破点。最

法国摄影先驱尼埃普斯与达盖尔及早期的印相系列纪念邮票

初在石板上制版是需要绘制的，如何能把图像画得美妙逼真，是困扰画家的问题。此外，石印版需要图文在印版上必须是镜像的，也就是反相的，这也成为绘石工艺的一道难题。那个时代，很多人在探索和实验，想攻克这个难题。画家们发明了各种辅助绘画的装置和测量工具，还发现了我们耳熟能详的小孔成像原理。因为通过小孔成像得到的图像不仅准确而且是倒像。在小孔成像原理的基础上，画家发明了一款名为暗箱的神奇道具，这一形似照相机的光学仪器使得画家可以随时随地捕捉影像。通过在暗箱的磨砂玻璃上放置半透明纸，画家便可以准确地画拓出景物的反向轮廓，正是印版所需。为了追求准确和逼真的效果，那个时代的画家们还有很多新奇的黑科技发明，比如可移动暗箱、投影描绘器、克洛德玻璃等。

　　尼埃普斯也开始对新兴的石印术进行试验。由于他不会绘画且找不到合适的石料，所以他试图寻求一种可以实现自动印相的方法。之后他发现了感光材料，并开始试验感光技术。他利用氯化银的感光性，借助玻璃把摄影图像转移到石版上，通过印刷来复制摄影图像上的影像。1825年，尼埃普斯委托法国光学仪器商人查尔斯·塞福尔为他的照相暗盒制作光学镜片。1826年，他将其发明的感光材料放进暗盒，拍摄和记录下了历史上第一张摄影作品——《窗外》。作品是在其法国勃艮第的家里拍摄完成的，通过其阁楼上的窗户拍摄，曝光时间超过8小时。尼埃普斯把他这种通过日光将影像永久记录在玻璃和金属板上的摄影方法，称作"日光蚀刻法"，又称阳光摄影法。令人遗憾的是，照片过了一段时间之后，就会变暗、变模糊，不能用于长期保存。

无意间，达盖尔得知了这个消息，马上从中嗅到了商机。于是，他邀请尼埃普斯展开合作。1829年，达盖尔和尼埃普斯签订了一项关于完善拓展"日光摄影法"的为期10年的合股契约。直到尼埃普斯去世6年后，达盖尔才将日臻完善的摄影法公之于众。达盖尔改进了尼埃普斯原先的思路，他先用碘蒸气将一块经过仔细清洁、抛光的镀银铜版"光敏化"，再放入照相机曝光形成潜影，然后用汞蒸气"显影"，之后用硫代硫酸钠溶液"定影"，大幅缩短曝光时间，最终形成一个稳定的正像。1839年8月19日，法国科学院和艺术院向全世界宣布：法国政府收购了"达盖尔摄影法"的发明专利，并将这项照相技术无偿分享给全世界。这是法国对人类的伟大贡献之一，因此该年被全世界公认为摄影术的诞生年，达盖尔被誉为"摄影之父"。

由于摄影术最早的应用便是为了石印制版，所以最初经照相而制成的石印版本身就是"照片"，只不过，不是一幅纸质照片，而是一块石质照片。从外观上讲，通过照相制版印刷而成的石版画，更符合我们心中照片的定义。相纸发明后，出现了洗印一词，也就出现了纸质的相片。

经过各国学界的不断创新改进，摄影术很快就登上了复制技术和艺术创作的历史舞台。照相制版逐步发展成为印刷业的一门印前学科。

23　印象派是印刷术的进步之果

印象派的产生并不是偶然的，它是 19 世纪法国版画制版技术进步的必然成果。

自文艺复兴以来，版画成为画家们参与社会话题、传播文化知识和人文精神的重要表达工具。画家们是那个时代的先锋，他们拥有文化知识，富有想象力，还拥有无穷的创新活力，成为一支重要的发明家队伍和一股文艺复兴力量。在画家们的不断努力下，铜版画、石版画，腐蚀、照相等新技术层出不穷。兼任发明家的画家们，已经不能满足于黑白的图像印刷世界，他们催生了色彩学，总结出许多新的色彩理论，并在光学领域不断创造、创新。那时候画家们会成立画室。那些著名的画室内不仅有画笔、颜料和纸张，还有版画设备、各种光学仪器和测量工具，看起来就像是个科学实验室。

19世纪摄影术的产生成为版画技术的福音，但对绘画艺术来说却是一个巨大的挑战，促使艺术家们寻找新的出路。在摄影术发明之前，绘画承担着记录影像的重要任务，随着摄影术的普及，版画的成本日益降低，人人都能拥有相对廉价的版画。绘画艺术失去了它从前的诸多主动权，画家们有了危机感，当时有些画家甚至认为写真、写实绘画毫无发展前途。画家和版画家的分化正是从那个时期开始，版画在技术的道路上愈走愈远，而画家开始放弃照片式的古典画法，转而在绘画色彩方面寻找新的途径。

19世纪中叶尽管出现了敢于对抗传统的现实主义画派，但学院派势力仍很强大。1863年的官方沙龙展在学院派的支持下，拒绝了3000多幅作品，引发社会普遍不满。拿破仑三世为稳定局面，亲自过问此事，随后在官方沙龙展隔壁举办了一个"落选沙龙"展。在这个展览会上，马奈的《草地上的午餐》引起了争议，成为轰动一时的作品，虽然遭到一部分人的攻击，但也得到了一批青年画家和文学家的赞赏。

此后，一批不甘受传统艺术束缚，旨在革新的年轻艺术家，便经常聚集在巴黎巴提约尔大道的盖尔波瓦咖啡馆里谈论艺术和文学，探讨新的想法，进行激烈的争论。这些人以画家格莱尔画室的四个学生莫奈、雷诺阿、西斯莱、巴齐耶为核心，之后毕沙罗、塞尚、女画家莫里索、马奈、德加、文学家左拉等人也陆续加入他们之中。马奈在其中较年长，艺术上有一定成就，因而被这群人尊为精神领袖。这些画家除探讨艺术外，还常常一起到户外作画，寻找光影变化新的绘画的表现手法。库尔贝的创作对印象派画家们也产生了重要的影响。

1874 年，这群艺术家共同举办了第一次联合展览，展览名为"无名画家、雕刻家、版画家协会展"，共有 29 位艺术家参加展览，作品 160 余件，在社会上引起了巨大反响。其中展出了画家莫奈的一幅海景画《日出·印象》。莫奈的前瞻性和自嘲的勇气由此可见一斑。在那个时代，印象一词是一个既时髦又前卫的新兴热词。因为在当时的画家们眼

《日出·印象》

中，"印象"这个词虽代表着高新科技，可在艺术性方面却蕴含贬义，因为通过"印象"而成的画作相对来说层次感较差，看起来模糊且粗糙。《喧噪》杂志记者路易·勒鲁瓦撰写题为《印象主义者展览会》的文章对莫奈的这幅《日出·印象》加以讽刺。他在文中借古典派画家之口，对这些作品大加抨击，他说《日出·印象》"模糊地、令人难受地呈现在人们面前，证明了作者的无知及对美与真实的否定，就是花糊纸也比这幅海景更完整些"。

没有想到的是，展览以后，带有讽刺意味的"印象主义"一词被这群画家们欣然接受，从此也被人们所沿用。西方绘画史上划时代的艺术流派印象派便由此诞生了。

24　英国印刷事业的开创者卡克斯顿

1999 年元旦，英国广播公司举行的"BBC 听众评选千年英国名人"活动揭晓，威廉·卡克斯顿（William Caxton，1422—1491）击败达尔文、牛顿、克伦威尔，荣膺探花之殊荣。对大多数中国人来说，卡克斯顿是一个相当陌生的名字。但实际上，就对英国文化的贡献和影响力而言，除莎士比亚之外，大概无出其右者。他是英国的第一个印刷商，也被称为英文出版第一人。

卡克斯顿出生于英国肯特郡。他 16 岁时在著名的布商罗伯特·拉奇手下当学徒。拉奇去世后不久，卡克斯顿便搬到比利时富有文化氛围的城市布鲁日创业。此后，卡克斯顿的生意风生水起，他成了富有的人生赢家。"商而优则学"，卡克斯顿在经商之余喜欢看书。1469 年，他开始翻译法文《特洛伊史回顾》，并传抄散发，受到朋友们的欢迎。而此时，谷登堡于 1450 年左右发明的铅活字版机械印刷术已从德国美因茨沿莱茵河顺流而下传到科隆。卡克斯顿得知这一消息后，于 1471 年前往科隆。在科隆，卡克斯顿交了昂贵的学费，刻苦学习印刷术。

　　1474 年左右，卡克斯顿带着一套铅活字版印刷的行头返回布鲁日，在那里创建了一个印刷所。1475 年，他与曼逊合作，在布鲁日印刷出了世界上第一本英文书。这在英语世界是一件划时代的大事，这一年被确定为英文印刷的元年。1476 年底，卡克斯顿应英格兰国王爱德

1476 年，卡克斯顿向爱德华四世和王后展示他的印刷机和印刷的英文书籍

华四世之诏，返回英国，在伦敦西敏寺济贫院内建立了英国第一个印刷厂，开始大规模出版书籍。1477 年，卡克斯顿出版了在英国本土印刷的第一部英文书籍《哲学家的名言警句》，这也是第一本印有出版日期的英文印刷品。至 1491 年卡克斯顿去世之时，他已经出版了近百部书籍，其中 74 种是英文书籍，还有一些是鸿篇巨制。这些卡克斯顿版本的书有大约三分之一存世，被称为英国的摇篮本。

卡克斯顿的成功主要有三方面的原因：一是他生逢其时，抓住了时代机遇。他生活在欧洲印刷机勃兴的时代，敏锐地抓住了机遇，成为时代的弄潮儿。二是他有长期的经商经验，了解市场，懂得哪些是投合读者（包括王室、贵族和平民）需求和欣赏口味的书籍。三是卡克斯顿丰厚的资财也保证了他可以按照自己的兴趣出版喜爱的书籍，而不必完全顾虑迎合市场需要。作为一名标准的文学青年，卡克斯顿的出版理想正在于文学。卡克斯顿几乎出版了当时能够得到的所有英国文学作品。1478 年他出版了杰弗雷·乔叟的《坎特伯雷故事集》（1484 年再版，并加上了木版插图），此后还出版了乔叟的《特洛伊罗斯与克瑞西达》及其他诗作。1485 年改编出版了托马斯·马洛礼的《亚瑟王之死》。另外，卡克斯顿还翻译出版了很多外国文学作品，例如《伊索寓言》《列那狐的历史》等书。他出版的这些书不仅对英国早期文学的保存有着重大的贡献，而且深刻地影响了其后英国文学的阅读和写作。

25　绿色的红色经典《共产党宣言》

"一个幽灵，共产主义的幽灵，在欧洲游荡。"这是《共产党宣言》的第一句话。正是共产主义的"游荡"，推动了社会主义的发展，深刻改变了人类历史的进程。那么这"幽灵"是怎么游荡的呢？是什么推动这真理之声四处传扬的呢？

那就是印刷术！马克思在著作中多次赞颂印刷术，在他的笔下，印刷术是新教的工具，是科学复兴的手段，更是推动精神发展创造的最强大的杠杆。试想，如果马克思和恩格斯的理论仅仅通过口述，或者是用手传抄，那这些伟大的思想可能会尘封在历史中，很快便消失得无影无踪。是印刷术给予思想躯体，用文字符号锁住了语言的生命；是印刷机的转动，令共产主义化身为在欧洲乃至全世界无处不在的"幽灵"。正是在印本《共产党宣言》的指引下，中国共产党成立，中国革命、建设和改革取得了巨大成果。今天，它在全世界已经有200多种语言文字出版的1000多个版本，成为世界上发行量最大的社会政治和人文社会科学著作。

令人意外的是，这部闪耀着真理光芒的红色经典的第一版封面并不是红色的，且从内到外都没有红颜色，非但如此，它竟是绿色的；它也不是在马克思的故乡德国印刷出版的，而是在英国；它在英国伦敦印刷出版，却又不是英文版。它并没有惊艳的颜值，只是一本豆绿色的小薄册子，在伦敦一家名不见经传的小印刷所，德文印刷，朴实无华。

1847年下半年，马克思、恩格斯为共产主义者同盟起草纲领，《共产党宣言》由此诞生。手稿于1848年2月初从马克思当时居住的比利时布鲁塞尔寄往伦敦。遗憾的是这批手稿没有保存下来。据英国伦敦的德意志工人教育协会的会议记录显示，协会在1837年下半年花25英镑，特意购买了一套哥特式印刷字体的铅活字，期望宣传读物版面精美，以更好地传播革命思想，推动工人运动。当时手稿交给了准会员J.E.伯格哈德，由他负责排版印刷。伯格哈德是一位小印刷商，他的印刷所位于伦敦主教门利物浦大街46号。

第一批《共产党宣言》印刷了500册。这本小册子长21.5厘米，宽13.4厘米，手工缝线装订。这本小书的页码格式与现代书籍不同，比较独特。由于早期排版印刷是以印页计费，本书算上封面、扉页一共23印页。但封面、扉页、首页都没有印页码，所以第一个有页码的页面便已是第4页。此外，页码一律位于页眉的中央。由于哥特体结构繁复，活字字号又非常小，加上活字的字面是反文，人工拣字排版很容易出错，所以这本书正文第17页就同

1848 年 2 月首次印刷的德文版《共产党宣言》封面，英国国家图书馆藏

1848 年 2 月首次印刷的德文版《共产党宣言》的第一页，无页码，英国国家图书馆藏

时出现了两个不同的页码——页眉中央印有"17"，而页脚中央又印了页码"2"。自第二版开始，排版错误逐步减少。

　　小书封面选用较为廉价的绿色包装用纸，但排版格式考究：由字号不同的大小三行字构成了"共产党宣言"的书名。中间标注时间"1848 年 2 月出版"。封面下方中央便是那句《共产党宣言》掷地有声的口号："全世界无产者们，联合起来！"底端明确了出版人和出版地点："伦敦，德国工人教育协会印刷所，出版人 J.E. 伯格哈德，主教门利物浦大街 46 号"。封面四周有黑色锯齿状花边纹饰。不过，第一版封面并没有作者马克思、恩格斯的署名。恰在这时，法国二月革命爆发。《共产党宣言》油墨未干，就被分发到各国共产主义者同盟盟员手里，成为工人阶级的思想武器。

这本满载一个个哥特体活字字母的小薄册，标志着马克思主义横空出世。甫一问世，便化身成"幽灵"，人类完全无法阻挡它的脚步。它突破"围剿"，"在欧洲游荡"，根本停不下来。仅1848—1918年间，《共产党宣言》就被译为多种语言，出现了约544个版本，散布在世界各地，其传播度远远超出了它最乐观的拥护者的最初预想。

26　西式活字的中国化

19世纪，当西方来华的传教士们撸起袖子准备以西式方法印刷中文书刊，辅助传播宗教时，都陷入了中文活字制版的"深坑"。这个困境无关铸字技术本身，而是中文和西文两者在数量上的天渊之别，直接造成成本上的巨大差距。西式的字母量少简单，而汉字本身结构复杂，总量多以数万计算，即便常用字也有数千个。在当时的技术条件下，按照西方传统工序"字范＋字模＋活字"，一日仅能完成一两个中文活字。超长的时间成本和巨大的投资成本，让最初的传教士们踟蹰不前。而在中国本土，早在7世纪就被中国人发明出来的雕版印刷技术已经历了千年的生产历史。就实用性而言，中西两种技术各有优长，19世纪初中期，中西印刷技术"正面交锋"，一时难分伯仲。

1826年英国伦敦会的传教士罗伯特·马礼逊在澳门开

始用石印法印刷传单。次年英国传教士麦都思在他的巴达维亚（今印度尼西亚雅加达）的印刷所尝试用石印印刷图书。之后他找到了适用的石印板材，使得石印实现本土化、专业化，石印所开始在中国落地。石印手书上版的方式能保持书写的原貌，更重要的是省略了雕版这道最费力的工序。尤其是摄影术应用于石印制版之后，还能实现汉字大小自如地缩放，不仅节省了纸张用量，更是让制作成本断崖式下降。延续千年的雕版印刷术，遭到石印的排挤，开始淡出中国主流印刷圈。但中文活字的制作难题并没有得到实质性地解决。

实际上，早从 1812 年起，英国浸信会传教士马煦曼为印刷他翻译的中文《圣经》，就已开始在印度雪兰坡铸造中文活字。至 1822 年，他铸出了一套常用中文活字，并用它成功印刷了《圣经》。但马煦曼长期生活在印度，难以领略中文字形的历史内涵和文化意义，导致与中国人的审美格格不入，他的那套活字基本无人问津。

最早在中国用中文铅活字印刷的书是马礼逊的《中英双语字典》。该字典从 1815 年至 1823 年历经 8 年才得以出版，花费 5000 元之巨。但这些活字是在字坯上直接雕刻出来的，而不是西方通行的"字范＋字模＋活字"方式。虽然省掉了打造字范再翻铸成字模的工序，节省了制造时间与成本，但这种方式只能算是权宜之策，因为这套活字不能复制，所以印量有限，成本并不低。

中文铜字模

　　1834 年，来自巴黎的铸字匠勒格朗开始从事中文活字铸造。勒格朗在汉学家鲍赛尔的建议和指导下，用部首加字根拼合成字的设计方法，制作拼合字模。因此只要 4200多个活字，即可组合成近 3 万个不同的中文字，可以省下打造字范、翻制字模的大量成本和时间。这也算另一种权宜之计。这套活字尽管实用，但因为拼合出来的汉字无法展现汉字的形体美而受到差评。

　　英国人戴尔反复尝试，最终采用先雕刻字模，再铸铅活字的方法得到广泛认同。1843 年戴尔去世后，其刻模铸字事业又经多人接手。1846 年 6 月，戴尔的字模和活字从新加坡转移至香港，移交给英华书院，"香港字"由此得名。至 1857 年时，"香港字"已累积 5584 个实用字。这两套以中国书法为蓝本的铜字模，因其形体之美而广受时人的称赞。

　　1858 年，生于英国，后移居美国的姜别利（William Gamble）到中国宁波主持华花圣经书房，两年后迁至上海。这期间，姜别利革新了中文活字排字架，并发明了电镀中文字模技术。这两项快捷实用的发明，从简化活字制作流程和减省活字制作成本两方面双管齐下，给了传统雕版印刷以致命的一击，令中文字模活字技术在中国基本定型。

　　不过即使这些技术上的准备完成了，铅活字依然没能替代雕版。直到 20 世纪初，以传播新闻为特征的"快消品"现代报刊开始被中国人追捧，铅活字印刷的春天才真正到来。印刷机才开始在中国扮演"作为变革动因"的社会角色。

27　格鲁吉亚第比利斯地下印刷所

　　20 世纪末，中国的初中语文课本里曾经收录了一篇记叙文《第比利斯的地下印刷所》，作者是文学大师茅盾。他于 1946 年 12 月应苏联对外文化协会的邀请前往苏联。回国后，茅盾陆续发表了 30 多篇见闻。这些文章和他在旅苏期间写的日记合成一本书，即《苏联见闻录》。《第比利斯的地下印刷所》是该书里的一篇。

　　其实这个印刷所原名为阿福拉巴尔印刷所，是在苏联共产党中央总书记约瑟夫·维萨里奥诺维奇·斯大林（1878—1953）领导下创建的。斯大林为格鲁吉亚人，曾

第比利斯地下印刷所

第比利斯地下印刷所里锈迹斑斑的印
刷机，19 世纪德国制造

是苏联执政时间最长的最高领导人，对 20 世纪的苏联和世界历史影响深远。茅盾在文中介绍了 1903—1906 年间，斯大林与其他革命者在俄罗斯帝国格鲁吉亚的一处地下印刷所秘密印制革命报刊和宣传品的故事。在这里，斯大林和革命者们印了不少传单，如《高加索的工人们，是复仇的时候了！》《告全体工人书》等，还印刷了苏联共产党党纲、党章和《无产阶级斗争报》。茅盾先生用准确生动的语言，再现了这个隐蔽性极强、结构精妙又颇具革命浪漫气息的"地下场所"的设计、施工、使用情况、暴露的经历和最终归宿。全文既没有对革命工作的吹捧、赞颂，也没有作者本人画蛇添足的感慨评论，写得干脆利落、引人遐想，令人读罢不禁有"探险"之感。

　　地下印刷所秘密的工作了两年，到一九〇六年，格鲁吉亚革命的组织里成立了军事组，就在这个院子里靠左的那间正屋里开会。后来有个叛徒去向警察告密，军事组被破坏了，警察来搜查了几次，都一无所获。最后一次，有个宪兵队长发现那口井的边上和井壁上的那些小窝儿都很光滑，就推想一定有什么人常常打这儿上下。他点着了一卷纸搁在吊桶里慢慢放下井去，放到快要挨近水面的地方，火焰忽然偏向一旁，像被什么牵了过去似的。派人下去查看，原来是一条隧道。秘密被发现了，宪兵们把这个地下印刷所全挖出来了。

从地下印刷所抄出的东西，有对开机一架，格鲁吉亚、亚美尼亚和俄罗斯三种文字的铅字一千多公斤，印成的小册子和传单八百公斤，白报纸三百二十公斤，还有炸弹、假身份证等等。（《第比利斯的地下印刷所》）

1906 年第比利斯的地下印刷所被沙俄宪兵查封烧毁。1937 年在格鲁吉亚共产党主持下重建地下印刷所，并在旁边修建了一座红砖砌成的二层小楼作为纪念馆。随着苏联解体，格鲁吉亚独立，政府不再资助，关闭了纪念馆。1994 年，格鲁吉亚组建统一共产党。经多方努力，格鲁吉亚统一共产党在 1998 年将纪念馆收回。

现在这个遗址和纪念馆依然开放着，不过只能靠格鲁吉亚共产党员缴纳的党费和游客的捐款维持。

28　绘本的开山鼻祖

现代人提到绘本，应该不会真的有人误会其为手绘的书本。它是特指为儿童群体图解文化知识的印刷书，其中的插画是通过画家手绘或者电脑绘画再制版印刷而成的。在印刷术发明的早期，无论是中国还是其他国家，没有形成阅读群体的分层，因此也没有儿童读物的概念。中国发明的雕版印刷术传入欧洲之后，最初的印刷品主要是扑

1973 年，匈牙利发行纪念书籍印刷 500 周年邮票，画面选自《世界图解》插图之一《印刷工人与印刷机》

克和宗教绘像，其中宗教绘像逐渐演变为带有插图的宗教典籍。15 世纪，铅活字印刷术在欧洲应用之后，采用"木雕版插图＋铅活字"的图文混排印刷方法产生并逐步流行。1658 年，约翰·阿姆斯·夸美纽斯（Johnn Amos Comenius，1592—1670）的《世界图解》印刷出版，它被认为是世界上第一本儿童图画书，是现代绘本的鼻祖。夸美纽斯是捷克人，却是在匈牙利创作的这本书，而书的印刷发行又是在德国。此外，该书的文字既不是捷克文，也不是英文，而是拉丁文和德语双语的。

夸美纽斯不仅是儿童绘本的创始人，更是现代教育的奠基人。他以一生教育实践与研究，全面总结了文艺复兴时期以来的人文主义教育成果和教育经验，提出了一套系统的教育理论，开创了班级授课制，带动了世界范围内的教育革新，为近现代教育理论奠定了基础。

《世界图解》是他居住在匈牙利时期创作的，集其人生智慧之大成。这是一本百科全书式的儿童启蒙教育的教材，内容包罗万象，不仅涉及动物界、植物界，还涉及人类的起源、各年龄阶段特征、人类有机体的组成部分，人的活动、道德的特征，人与家庭、城市、社会、国家和教会的关系等内容。全书分为150篇，用图文并茂的排版方式，配了约200幅插图。这些插图全部为木雕版，刻版加印刷共花了作者两年的时间。其图画逼真生动、形象鲜明，与文字对照匹配、引人入胜。这种新颖的版式激发了儿童的阅读兴趣，令儿童在自然、快乐的情境中逐步地、主动地获取了知识；更重要的是，儿童在掌握知识的同时也得到了美的陶冶，形象思维能力得以发展。夸美纽斯在序言中就说明了本书的特点："这部书篇幅不大，但它是整个世界和整个语言的鸟瞰，里面充满了插图、事物的名称和描述。"所以，他把《世界图解》又称为"世界一览"。

《世界图解》一问世，便在欧洲引起了轰动，被译为各种文字印刷出版，流行近200年之久。夸美纽斯因此而享誉世界。德国哲学家、科学家戈特弗里德·威廉·莱布尼茨主张应以《世界图解》作为初级语言教学的教材；德国大文豪约翰·沃尔夫冈·冯·歌德在其自传里甚至称此书为他童年时代儿童们"唯一的一本书"。

夸美纽斯还有一句名言："书是传播智慧的工具。"

29 "王之印刷者，印刷者之王"

文字是印刷术的灵魂。中国古代因为雕版印刷术的发展，诞生了宋体、仿宋体等印刷专用字体。西方印刷术发展的早期同样经历了印刷字体的开创和演进的过程。因为西文字母与中文方块字相比，数量很小，更加灵活，因而西文字体创作比中文字体创作容易很多。铅活字时代是"字体为王"的时代，字体设计就是当时印刷业巨头之间比拼的核心竞争力。所以，整个西方世界的印刷商和设计师们对字体不断创新，涌现了一批著名的字体大师。

詹巴蒂斯塔·博多尼（Gianbattista Bodoni，1740—1813）便是 18 世纪欧洲最为杰出的字体大师之一。他于 1790 年设计制作的博多尼体，以简洁的线条和优雅的几何外观，开创了现代字体时代，直至今天依旧是经典。中国方正字库中的报宋字体，选配的英文即为博多尼体。数百年来，博多尼体始终是时尚界的宠儿，很多世界知名的 Logo（商标/徽标）都选用了博多尼体，包括美国《名利场》杂志、电影《白雪公主（与猎人）》、希尔顿酒店、摇滚乐队"涅槃"的 Logo。

博多尼出生于意大利萨卢佐的印刷世家，爷爷和父亲都是印刷商。18 岁时，他便离家到罗马教廷印刷厂当学徒，负责整理厂内不常用的中东和亚洲文字的字模。在这项工作中，博多尼很快展示出了他的外语天赋。他被派往罗马

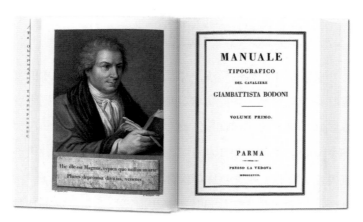

意大利杰出的字体设计师博多尼（图片选自 Giambattista Bodoni, *The Complete Manual of Typography*, Taschen, 2016.）

萨皮恩扎大学学习希伯来语和阿拉伯语。博多尼很快成为外语新闻撰写人，并开始外文排版工作。1768 年 2 月，博多尼进入帕尔马宫廷创办皇家印刷厂。他从法国订购了印刷机、各号字模及铅字。皇家印刷厂的首批印刷品便是帕尔马公爵大婚的婚庆用品。这批印刷品的美感和质地卓尔不群，向欧洲其他地区展示了这位年轻的意大利人出色的印刷技艺。此后，博多尼开始不断地设计新字体，制作新字模。各国各地纷纷向他抛出橄榄枝，试图"挖人"，其中就包括西班牙驻罗马大使。他认为博多尼为公爵个人工作是一种浪费，鼓励他去罗马印刷经典。为了挽留人才，公爵允许博多尼创办自己的私人印刷厂。在 1791 年之后的几年中，博多尼印刷出了一批经典作品。

出色的印刷技艺令他红极一时。博多尼的印刷厂也逐渐成为观光胜地，各国的参观者涌向那里，希望拜访或者偶遇他，并购买精美的印刷品。英国著名农业经济学家阿瑟·杨格在《意大利纪行》中记载："（1789年12月9日）下午，前往有名的博多尼印刷厂。博多尼将多数精美的印刷品展示在眼前……《塔夫内与克洛耶》《阿敏达》都印得相当精美。这些作品可以算是意大利印刷的代表，我买下了后者。"

博多尼不仅得到了西班牙国王赏赐的奖金，教宗也亲自颁奖给他；帕尔马市为他铸造纪念牌；远在美国的富兰克林都曾是他的粉丝。1805年，拿破仑皇帝和约瑟芬皇后参观博多尼所在的城市时曾要求见他，并赐予他骑士称号，并给了博多尼一生的退休金。他被誉为"王之印刷者，印刷者之王"。

30　克罗地亚第一本格拉戈尔文印刷书

人类大家庭是由多民族组成的。历史上，整个世界民族众多，语言浩繁。又因为种种原因，其中的一些民族和语言文字在历史长河中流逝。不过，依然有些民族文字，虽然一时被弃用却幸运地留存下来，随着其民族文化的发展，得到传承和复兴，格拉戈尔文字便是这样的例子。而

对于格拉戈尔文字的传承和复兴，印刷术起到了不可磨灭的作用。印刷术对人类文明进程的推动作用体现在诸多方面，其中就包括促进民族文字和文学的产生，甚至是新兴民族国家的建立，只不过，对于印刷术在这些领域的贡献人们关注得不多。

当代克罗地亚的官方语言是用拉丁字母拼写的克罗地亚文字。但其实历史上克罗地亚语曾分别用希腊字母、基立尔字母、拉丁字母、格拉戈尔字母、阿拉伯字母书写过。格拉戈尔字母是现存已知最古老的斯拉夫语言字母。它大约起源于 9 世纪，起源的动因还是传教，需要把《圣经》翻译成大众使用的古教会斯拉夫语。不过，这套字母在创立几个世纪后都没被定名。据推测，格拉戈尔这个名称产生于克罗地亚，是由动词"glagoliti"（去说）演变而来，但是具体定名的时间和原因已经不详。到 12 世纪时，大多数斯拉夫人都改用基立尔文。

塞尼是克罗地亚一个非常重要的沿海城市，这里有着深厚的格拉戈尔字母文化。早在 1248 年，罗马教皇就书面许可塞尼的主教菲利普使用格拉戈尔语进行礼拜。这些格拉戈尔字母的使用者，自然早早地就想到了用印刷术来复制用格拉戈尔文字所承载的文化。早期参与出版格拉戈尔文字书籍的杰出代表便是布拉·巴罗米奇（Blaž Baromić，1440—1505）。巴罗米奇最初以抄写宗教书籍为业。后来他去了当时欧洲的印刷技术的中心——威尼斯。在那里他进入一家印刷所工作，并学习印刷技术。1493年，他在那里印刷出版了一本格拉戈尔文的短篇小说。随后，巴罗米奇购置了木质手扳印刷机和格拉戈尔文铅活字，到塞尼创办了一家格拉戈尔文印刷所。1494年，他便印刷出第一本书《弥撒》。这是第一本在克罗地亚土地上印刷的格拉戈尔文的书籍。这本书印刷质量很高，排版精致，装帧美丽。许多学者都认为是当时最美丽的书籍之一，也是最伟大的平面艺术作品之一。

为了纪念这一事件，克罗地亚塞尼市建起了一座博物馆，并且在城市的街头还为巴罗米奇立了雕像。如今，格拉戈尔字母成了克罗地亚一种宣扬民族独特性的符号。甚至在纪念品商店，也会出售印有格拉戈尔字母的T恤和仿古字母雕刻。格拉戈尔字母在《巫师》系列游戏描绘的世界里作为一种文字使用，它还在动漫《记录的地平线》里面作为铭文使用。

31 "邮票之国"——摩纳哥

摩纳哥公国濒临地中海，坐落在法国和意大利之间，简称摩纳哥。官方语言为法语，但英语和意大利语的使用也非常广泛。摩纳哥公国面积只有 2.02 平方千米，其中约 0.5 平方千米还是填海造陆而来，因此称其为"微型国家"或"袖珍国家"或许更加恰当。除了旅游业，邮票业是这个微型国家国民收入的主要产业之一。想不到吧？所以摩纳哥也被称为"邮票之国"。

自 19 世纪以来，邮政主权是国家主权象征之一，而构成邮政主权的一部分则是邮票的发行权。邮票在 19—20 世纪时在世界各国基本上都属于硬通货，所以是每个国家的一个重要产业。邮票也是摩纳哥的重要经济来源之一，摩纳哥于 1885 年开始发行邮票，因其设计和印刷精美，受到人们垂青。摩纳哥官方高度重视邮票的印制和发行，早在 1937 年便专门设立了邮票发行局。邮票发行过程中，

从图案定版到刷色均由亲王审定，而后再由发行局局长确定面值、票型、设计者和雕刻者等信息。

摩纳哥邮票和钱币博物馆纪念邮票，画面为凹版邮票印刷机、钱币展览与邮票展示

摩纳哥邮票和钱币博物馆

邮票设计人员均通过法国邮政部门从美术家中雇用，他们的卓越工作曾赢得国际大奖。

摩纳哥国王雷尼尔三世更是对邮票情有独钟，他将邮票定义为"国家首席大使"。这位国王为世人所知多是因为他与有"冰山美人"之称的好莱坞女影星格蕾斯·凯莉童话般的爱情和婚姻。1950年，刚刚登基的雷尼尔三世决定在宫殿内创建一个"邮政博物馆"，以对阿尔伯特一世亲王和路易二世亲王的藏品进行分类和保存。1987年摩纳哥又成立了集邮收藏咨询委员会，对与邮票有关的所有文件（包括品种）进行分类。后来，雷尼尔三世建造了一个摩纳哥邮票和钱币博物馆，收藏并展示他们家族的部分邮票珍藏。该博物馆于1996年建成并向公众开放。现在这个博物馆也是摩纳哥旅游必不可少的打卡地。现代化的摩纳哥邮票和钱币博物馆位于风景迷人的半山平台上，与海湾游艇融合在一起，显得奢华典雅，堪称是世界集邮爱好者不可错过的一处胜地。馆内的陈列由两个展示厅组成：

第一展厅展示了自1641年以来的摩纳哥钱币历史，以及自1885年以来的摩纳哥邮票历史。第一展厅还包括临时展览的区域。观众可以看到铸币过程中使用的模具、印章和发行邮票所涉及的所有文件。展厅中还陈列着一台凹版印刷机，该印刷机可以印刷60多个年份的摩纳哥邮票。

第二展厅为稀有邮票陈列室，里面摆放着集邮文件，公国曾经使用的撒丁岛和法国邮票，以及查尔斯三世和路易二世统治时期的第一批珍贵的摩纳哥邮票。在稀有邮票展厅中还举办过一个"全球最稀有的100种邮票和集邮文件"的专题展览。

32　谷登堡 VS 科斯特，究竟谁发明了西文活字？

2008年中国北京承办了奥运会，在开幕式上，5897个方块汉字组成的"活字"表演震撼了很多中外观众，也向世界展示了中国印刷术的神奇魅力。不过，同样观看了开幕式的荷兰人伯恩特·施奈德斯却心情不好。那一年，伯恩特·施奈德斯是荷兰小城哈勒姆市的市长。他在观看了北京奥运会开幕式之后，给北京市市长写了一封信，宣称"印刷术是由哈勒姆市市民科斯特于公元前1400年前发明的"，并申明"这是一个众所周知的事实"。不得不说，这是一位尽职尽责的市长，他对他的国家和民族的自豪感跃然纸上，但同时也反映出他对中国和中华文化知之甚少。活字印刷术是中国人发明的，这是不争的事实。20世纪以前，中国印刷行业在世界舞台发声甚少，西方世界对中国的印刷历史并不了解。不过，如果说到西文的铅活字印刷术，在中国人的心中，德国人谷登堡才是其发明者，荷兰人这么说又是怎么回事呢？

不管中国人知道还是不知道，愿意还是不愿意，荷兰人都认为活字印刷术的发明人是科斯特。科斯特是荷兰哈勒姆市的"英雄"，他被荷兰人尊为活字印刷术的发明人，他的雕像和名字在当地随处可见。其发明印刷术的经历记载于哈德里亚努斯·朱尼乌斯在1567年左右写作的《巴达维亚》一书中，该书在1588年出版，并被文学家科尼利斯·德·比引用。朱尼乌斯是一位古典学者、翻译家、语法学家、考古学家、历史学家、拉丁诗人，还曾担任医师和校长职位。朱尼乌斯指出，在1420年左右，科斯特在哈勒姆用木料雕刻字母以娱乐孙子，他观察到这些字母在沙滩上留下了印记。于是他开始采用木活字进行排版印刷，后来他进行了改进，使用金属铅和锡制作活字，并发

M. S.

Viro consulari.
LAURENTIO COSTERO,
HARLEMENSI,
*Alteri Cadmo, & artis
Typographicæ circa
Annum Domini.*
M.CCCC.XXX.
*Inventori primo ac
bene de Literis ac
toto Orbe merenti,
hanc Q. L. C. Q. Sta-
tuam, quia æteam non
habuit, pro monumen-
to posuit Civis gratis.*
ADRIANUS ROMANUS,
Typographus.
Aº M.DC.XXX.

P. Saenredam fecit.   *Pieter Casteleyn Excud.*

Vana quid archetypos & præla MOGUNTIA jactas!   *Ments roemt van 'teerfte boeck uyt hare pers ghefonden.*
HARLEMI archetypos prælaq. nata ícias.   *Tot Haerlem is nochtans de Druckery ghevonden.*
Extulit hic, monftrante Deo, LAURENTIUS artem.   *Dees Laurens heeft de konft met Godt daer voort ghebraght.*
Diffimulare virum hunc, diffimulare Deum eft.   *Verfwygt men defen Man, foo word oock Godt veracht.*
P. Scriverius.

1630 年，荷兰黄金时代画家彼得·詹斯·萨恩雷丹姆为科斯特绘画并蚀刻的版画像。画中科斯特手里拿着活字，代表他是活字的发明者。阿姆斯特丹国立博物馆藏

明了一种新型的油墨以适应不同的活字材料。他由此开创了一家印刷所，并得到繁荣发展。不过，他的活字和印刷设备在 1426 年的一场战争中被烧毁。据说谷登堡的那个著名合伙人约翰·福斯特便是他的助手之一。他们一起印制了包括《人类光谱》在内的几本书。而正是这个福斯特在劳伦斯快要死的时候，破坏了保密诺言并偷走了他的印刷技术，然后回到自己的家乡德国美因茨，在那里他创立了自己的印刷公司，并令谷登堡一举成名。

1630 年，哈勒姆市竖立了第一座科斯特的雕像。从此，科斯特的形象生动起来，他的雕像和版画不断涌现，其事迹得到广泛传播。1823 年，哈勒姆市公园建立起一座纪念碑，庆祝科斯特发明活字印刷术 400 周年。该纪念碑装饰有拉丁文的铭文和荷兰语的纪念文字，顶部带有象征活字字母"A"的装饰。德国人受到这次荷兰人发明活字印刷术 400 周年庆典的刺激，也竖立了谷登堡雕像，并于 1840 年举行了那场恩格斯也参与其中的，轰动天下的隆重周年庆典。鲜为人知的事实是，谷登堡也好，科斯特也罢，他们都没有真实的肖像画流传，现在世界各地的人们看到的形象，都是后世画家的创作，而且依赖印刷术传播，深入人心。

直至当代，荷兰的印刷业也十分发达。荷兰一直是以字体设计成就闻名的国度，平面设计师深深地沉浸在他们自己的活字文化中，字体设计教育、编辑活动、书籍出版业也都欣欣向荣。

33　荷兰的邮票微型书

荷兰图书周创始于 1932 年，是荷兰为了培养全民阅读氛围并推动出版业的发展而举办的一年一度为期 1 周至 10 天不等的活动。每年 3 月，在阿姆斯特丹音乐厅，众作家与出版人参加的"图书舞会"，标志着荷兰图书周的开幕。"图书舞会"在荷兰的文学界有着极高的地位，受邀的人士都是艺术界、文化界和媒体界的名人。在图书周期间，荷兰国内各地都共襄盛举，举办例如签书会、文学季和辩论赛等活动。每年的图书周都会确定一个不同的主题，每年还会选出下一届的"图书周作家"。被选中的作家要为荷兰图书周写一本礼物书，通常是一篇短篇小说。礼物书将免费赠予在图书周期间购买图书满一定金额的读者。自 2002 年起，荷兰国家铁路局成为荷兰图书周的最大赞助商，并推出在图书周最后一天持礼物书可免费搭乘火车去荷兰任何一个地方的活动。从此这项优惠也成为图书周的固定传统之一。

2010 年图书周的作家是乔斯特·茨瓦格曼（Joost Zwagerman，1963—2015）。茨瓦格曼于 1986 年凭借小说《德·胡德普》首次亮相。1989 年小说被改编为戏剧，受到观众的关注。1991 年，他写了第三本书《瓦尔斯·利希特》，入围荷兰 AKO 文学奖。这本书后来改编成为 1993 年拍摄的电影《西奥·凡·高》，茨瓦格曼因此名声大噪。

2010 年荷兰图书周的礼物书：邮票微型书

他无疑是一位高产作家，他的著作不断印刷出版，其中一些作品被翻译成 12 种语言，包括德语、法语和日语等。

茨瓦格曼为 2010 年图书周创作的图书是《还有什么更糟糕……》。这一年，图书周组委会极富创新性地将礼物书做成了公开发行的邮票。所以它不仅仅是邮票，也是一本袖珍书。

这枚邮票微型书于 2010 年 3 月 9 日发行，尺寸只有 4 厘米长，3 厘米宽。表面看它只是一枚邮票，实际上，这是用两张不同尺寸的纸印刷后，经过粘贴和折叠成为极小的一沓，并插入精心设计的小全张页面中的微型书。两张纸中较长的那张被折叠成 3 页，中间那页便是邮票本身，同时也是这本书的封面。书的封底是一个男人拿着一本书在阅读的图片。它共有 10 页，除封面和封底之外，还包括 5 页微缩的正文，有 500 个单词的内容，还有正式的版权页。版权页上有正式的书号，还包括申明："本邮票以书刊形式发行，以纪念 75 周年书刊发行。"它甚至还有两页设计为护封。这本邮票微型书赢得了荷兰印刷行业的斯派克创新奖，并入选全球年度十佳邮票。

这枚书籍邮票由荷兰著名设计师理查德·霍顿设计，荷兰顶级印刷集团之一约翰·恩斯赫德公司印制。约翰·恩斯赫德公司成立于 1703 年，长期以来一直从事与钞票有关的印刷业务。该公司于 1814 年印刷了第一张荷兰纸币，此后一直承揽钞票印刷业务，1866 年以后开始印刷邮票。

34　俄罗斯的"谷登堡"

在俄罗斯首都莫斯科中心，离剧院广场不远的地方竖立着俄罗斯印刷事业的奠基人伊万·费多罗夫（Ivan Fedorov，1510—1583）纪念碑。他的一只手扶着一块印刷版，另一只手举着刚刚印刷好的一张书页。在俄罗斯人眼中，费多罗夫是一个相当于谷登堡的人物。

俄罗斯大约在 10 世纪时形成了自己的图书业，但那时还是用手抄写书本，没有像中国那样形成成熟的雕版印刷出版业。那时俄罗斯书业的中心在各个修道院，许多修士以抄写传教的书籍为业。手抄书是一件费工费时的事情，一名修士需要几个月甚至几年才能抄完一本书。

1563 年，沙皇伊万四世下令在莫斯科建造一个铅印

1991 年，俄罗斯发行的中世纪印刷出版的文化邮票，第 5 幅图为
1564 年费多罗夫印刷《使徒行传》的场景

印刷厂，以便在本国印刷书籍，这便是俄罗斯第一家印刷
厂。伊万·费多罗夫是印刷厂的第一任负责人。此前，他
曾在俄罗斯以外的印刷厂当过工人，比较有经验。1564
年 3 月 1 日，伊万·费多罗夫在莫斯科的印刷作坊完成
了《使徒行传》一书的印刷工作。《使徒行传》是基督教
礼拜用书，包括《圣经·新约》的一部分和启示录等。该
书正式发行的那天被作为俄罗斯书籍印刷的奠基日，《使
徒行传》一书被认作是俄罗斯第一部注有日期的印刷书
籍。因为书中使用了漂亮清晰的字体，每句开头有漂亮的
大写字母，封面装帧也非常精美，因此这本书也被当作该
民族古代印刷技术的代表作。该书印刷发行后受到人们的
珍爱，至今这本书的藏本仍然约有 50 册，它们保存在各
国不同城市的图书馆、博物馆和书库里。1565 年伊万·费
多罗夫又印刷出版了《日课经》，该书是俄罗斯 16 世纪
主要的教科书。

　　1567 年费多罗夫将其印刷事业迁至立陶宛，并于 1569—1570 年间印刷出版了《教师福音书》《圣经选集》等书。1572 年底，费多罗夫又将其印刷事业迁到乌克兰的利沃夫。1574 年 2 月 15 日，乌克兰的第一本《使徒行传》和第一本教科书《识字课本》问世，他又因此成为乌克兰人心中的印刷业奠基人。1575 年初，费多罗夫又将其印刷事业从利沃夫迁到沃伦。在那里，用斯拉夫语和希腊语印刷的《识字课本》于 1578 年问世，此后他又陆续印刷出版了《新约》等书。1582 年费多罗夫再次回到利沃夫，第二年 12 月在那里病逝。在他的墓前放有一块石碑，碑上刻有最早的印刷出版业徽章以及铭文："俄罗斯前所未有的印书工匠。"

　　1909 年 11 月莫斯科为他修建了纪念碑。1941 年，展现他不平凡的一生的传记影片《印刷事业奠基人伊万·费多罗夫》上映。1977 年 12 月，乌克兰利沃夫市在费多罗夫埋葬的修道院里为他修建了博物馆。

35　印刷术是怎么改变世界的？

　　1492 年，当哥伦布从西班牙海岸出发，一路向西，寻找遥远的东方时，他除了带着帆船和水手，还带着一本由克罗狄斯·托勒玫编写的《地理学指南》。这本印有世界地图的书是当时"对已知世界地理情况的最佳指南"。这本书激发了哥伦布对世界的狂热探索与发现，这也是印刷术改变世界的方式之一。如果没有印刷术，哥伦布也好，"弟伦布"也罢，根本没有机会读到《地理学指南》，没有机会见识世界地图，大航海时代便不会开启。

　　实际上，距离 1492 年，《地理学指南》已经诞生了1300 多年。作者托勒玫是埃及的数学家、天文学家、地理学家、占星家。他是用希腊文写作的希腊裔罗马公民，因此，他的伟大著作都是希腊文字。托勒玫写下一系列科学著作，至少其中的 3 部对伊斯兰世界和欧洲的科学发展有着颇大的影响。第一部是《天文学大成》；第二部是有关占星学的《占星四书》；第三部便是《地理学指南》，是一部全面探讨地理知识的典籍。在没有印刷术的时代，全人类只有这一份手稿，它是如此珍贵，然而却"养在深闺无人识"。由于没有印刷术，这些光芒万丈的伟大著作在漫长而黑暗的欧洲中世纪里默然沉寂了近1200年。直到1295年的某一天，东罗马帝国（拜占庭帝国）的首府君士坦丁堡（今土耳其伊斯坦布尔），一位博学的僧侣马克西莫斯在帝国大教堂的图书馆中，终于寻找到了他一直渴望寻找的古希腊先人的书籍，《地理学指南》才从千年的历史尘埃之中再次出现在欧洲人的眼前。书中，托勒玫详细说明了如何采用两种方法将球体的地球绘制到平面上，提出投影和比例尺问题，明确了地图应该"上北下南"。直到今天，这些理论仍然是地形图和世界地图绘制的标杆。但由于手稿是希腊文字，始终难觅知音。1406年，这部了不起的手稿被翻译成了拉丁文。不过最初的拉丁文译本并没有附地图，直到15世纪中后期，学者们陆续根据书中的文字绘制出地图抄本。

1477年，世界首本印刷地图集在意大利的博洛尼亚印刷发行。它被译为《克罗狄斯·托勒玫的宇宙志》，后来别称《地理学指南》。在这版地图集中，中国的面积被高估，世界却被描绘得太小，这反映出那个时代的西方人对中国的仰慕。

那正是航海梦涌动的时期，博洛尼亚版《地理学指南》印刷出版之后，欧洲掀起了印刷世界地图的热潮。有记录表明，包括哥伦布在内的探险家们都拥有并阅读过《地理学指南》。1492 年，《地理学指南》登上哥伦布的帆船，乘风破浪，开始"征服世界"。因此，我们回望历史，《地理学指南》被印刷发行无疑是石破天惊的大事件，与哥伦布发现新大陆一样值得铭记。因为没有印刷书的大量复制和发行，手稿只能作为私人藏品，被束之高阁；如果没有印刷术，欧洲文艺复兴的大幕将难以拉开，地理大发现根本无法起航。这版印本齐集了托勒玫费尽心思收集的 8000 多个地方的经纬度坐标，以及收集或绘制的 26 幅欧洲、亚洲、非洲等地的地图。

英国的沃丁顿爵士在 1978 年以 7.5 万英镑购买到一本 1477 年版的《地理学指南》。2004 年牛津郡的一场大火烧毁了大半个沃丁顿庄园，在当地村民的救助下，庄园图书馆中收藏的约 700 本地图集与地理学书籍幸免于难。为了支付灾后巨额的修缮费用，沃丁顿家族不得不将地图集送进苏富比拍卖行。2006 年，这册地图集以 213.9 万英镑的天价创造了有史以来最高的地图拍卖价。

36　咏印刷术的发明

......

你不也是神吗？

你在数百年前给予思想和言语以躯体，

你用印刷符号锁住了言语的生命，
要不它会逃得无踪无影。

如果没有你哟，

时间也会吞噬自身，

永远葬身于忘却之坟。

但是你终于降临，

思想冲破了藩篱，在它的襁褓时代就

长久地限制着它的藩篱，

终于展翅飞向遥远的世界，

在那里，正进行着郑重的对话，

这就是过去和未来。

你是启蒙者，

你这崇高的天神，

现在应该得到赞扬和荣誉，

不朽的神，

你为赞扬和光荣而高兴吧！

而大自然，仿佛是通过你表明，

它还蕴藏着多么神奇的力量，

可是从此以后，它休息了，十分悭吝，

再没有将这种奇迹赐予世人。

……

这是收录在《马克思恩格斯全集》第 41 卷里的一首

POESÍAS

DE

D. MANUEL JOSEF QUINTANA.

NUEVA EDICION
AUMENTADA Y CORREGIDA.

_____

MADRID EN LA IMPRENTA NACIONAL
AÑO DE 1813.

Á LA INVENCION DE LA IMPRENTA.

¿Será que siempre la ambicion sangrienta,
Ó del solio el poder pronuncie solo
Quando la trompa de la fama alienta
Vuestro divino labio, hijos de Apolo?
¿No os da rubor? El don de la alabanza,
La hermosa luz de la brillante gloria
¿Serán tal vez del nombre á quien daria
Eterno oprobio ó maldicion la historia?
¡Oh! despertad: el humillado acento
Con magestad no usada,
Suba á las nubes penetrando el viento:
Y si quereis que el universo os crea
Dignos del lauro en que ceñis la frente,
Que vuestro canto enérgico y valiente
Digno tambien del universo sea.

No los aromas del loor se vieron
Vilmente degradados
Asi en la antigüedad: siempre las aras

1813 年印刷出版的西班牙诗人金塔纳的《诗集》及其中的诗歌《印刷术的发明》，
比利时根特大学图书馆藏

长诗中的一段。诗题为《咏印刷术的发明》，由中共中央马克思恩格斯列宁斯大林著作编译局将恩格斯的德文著作翻译为中文。但这首诗最初的作者并不是恩格斯，恩格斯自称为译者，原作者是西班牙的文学家马努埃尔·何塞·金塔纳（Manuel José Quintana，1772—1857）。他于1800年7月创作了这首诗，原题为《印刷术的发明》。

金塔纳参与了第一次西班牙革命。这场革命是反对拿破仑外来统治的独立战争。他创作的文学作品充满了爱国情怀，体现了民族精神，受到西班牙人民的关注和喜爱。但也因为参与革命行动，他遭到长达6年的监禁。1820年出狱后，他担任公共教育委员会主席，1833年任女王伊萨伯拉二世的家庭教师，1835年任参议员，1855年被封为桂冠诗人。其最重要的著作为三卷本的《西班牙名人传》，还有诗作《特拉法尔加战役》《献给三月革命后的西班牙》《西班牙各省反抗法兰西人的武装斗争》，以及新古典主义悲剧《佩拉约》《维塞奥公爵》等。金塔纳的这首抒情诗创作于1800年，1802年首次在马德里出版。1813年，西班牙马德里国家印刷局出版发行了他的西班牙文《诗集》增订版。这首《印刷术的发明》位于《诗集》中的第215—224页，长达10页。

1837年8月，谷登堡的故乡美因茨举行谷登堡雕像揭幕仪式。在这次纪念活动上，与会代表一致决定于1840年举办"欧洲活字印刷发明400年庆典"。德国布伦瑞克的出版商计划配合百年庆典出版一本《谷登堡纪念册》，并自 1838 年 12 月底开始在杂志上刊登征稿启事。恩格斯看到后决定为《谷登堡纪念册》撰稿。1840 年 1 月至 3 月，恩格斯选择金塔纳的诗歌加以翻译，并进行了改写。他将金塔纳痛恨的黑暗势力进行了泛化处理。这些改写反映了恩格斯的政治思想倾向，也是恩格斯的一种再创作，具有独特的意义和价值。《谷登堡纪念册》于 1840 年 7 月出版，恩格斯翻译并改写的《咏印刷术的发明》和西班牙原文同时收入到其中第 208—225 页。

第三章

非洲印刷历史故事

非洲可能是全人类的故园，所以相距万里之遥的中国与非洲也一定有着久远的联系。除了人类学的联系，在历史长河中，中国和非洲也长期进行着直接或间接的文化交流，印刷术的交流便是这样的例证。众所周知，古代非洲，特别是古埃及地区曾创造了灿烂的文明。而后，伴随造纸术的发明发展、印刷术的发明进步，文明之花在东方中国绽放。随着欧洲印刷工业的崛起，文明之光再次转移了方向。这是今天我们透过历史的长河能够总结出来的文化现象，同时也给予当代以启示，那就是：文化的传承、传播技术是引领文明发展进步的前提和杠杆。

　　非洲一共有约 60 个国家和地区，本书选择了其中 12 个国家（地区），讲述非洲大陆上印刷术传入的经过和兴起，以及非洲与印刷历史相关的人物故事。透过"文明之母"印刷术在非洲落地和缓慢、艰辛的发展过程，折射出非洲在古代和现代文明发展的速度和特点。

37 埃及莎草纸的谢幕

埃及是历史悠久的文明古国。在羊皮纸兴盛之前，在中国发明造纸术以前，古埃及的莎草纸曾经在书写材料上独领风骚数千年之久。莎草纸是由植物纸莎草制成的。纸莎草是一种在尼罗河沿岸生长茂盛的植物，草叶呈三角形。纸莎草茎高大粗壮，富含纤维。莎草纸的传统制法：首先剥去纸莎草的绿色外皮，留下髓部，割成薄片放入水中浸泡几天，捞出后用木槌敲打，压去水分，重复多次，把薄片两端切齐，一条条横向并排铺开，然后在上面纵向排开，并用石块压紧，挤出糖质黏液，使草片相互黏结起来。晾干以后，用象牙或者贝壳磨平草片的表面，就制成了莎草纸。莎草纸通常被制成长不超过 48 厘米、宽不超过 43 厘米的纸张。古埃及人最初将纸卷成卷轴使用，几张纸为一打，沿纤维水平走向卷起来，以备不时之需。总体来说，无论是工艺还是形态上，莎草纸颇似中国人夏天用的凉席。

1966 年，埃及工业展览纪念邮票。图中的报纸、火炬是纪念阿拉伯国家新闻印刷 100 周年

　　因为莎草纸的发明，古埃及人民得以创造出辉煌的文明成就。不仅如此，莎草纸还曾经是多达 6 种语言文字符号的载体，记录了包括古埃及、古希腊、古罗马和阿拉伯帝国弥足珍贵的历史信息，它是古代文明留给后人的一笔宝贵的文化遗产。莎草纸还出口到世界各地，在一段时间内甚至成为埃及的主要收入来源。

　　但同时，莎草纸也有许多局限。它有三个非常明显的不足之处：一是原料产地只局限在气候炎热的沼泽地区，早期基本仅限于尼罗河三角洲地区，因而极易形成垄断；二是质地薄脆易碎，完全无法折叠，稍微折叠就会破损；三是运输困难，莎草纸由于尺幅限制，通过粘连成卷后难以承受陆路转运的长途颠簸，只能通过水路运输。由于莎草纸的这些缺陷，人们很早就开始寻找莎草纸的替代品。自公元前 2 世纪开始，莎草纸逐渐被羊皮纸和纸所代替。

　　在阿拉伯世界，莎草纸的使命在 8 世纪中叶阿拔斯王朝哈伦·拉希德统治时期终结。据伊本·纳迪姆在《书目大全》中的记载，哈伦·拉希德执政时下令必须使用纸来书写。于是埃及人纷纷填平用于种植纸莎草的池塘、沼泽，清理沟渠的水道，拔除大量纸莎草，纸莎草种植和莎草纸生产逐渐绝迹。从此以后，中国发明的纸逐渐取代莎草纸，成为主要的书写材料。奥地利国立图书馆藏有大约 12500 件写在莎草纸上的文献。专家通过对这些藏品的研究发现，8 世纪前的文字还都是写在莎草纸上，而这个年代之后的文献则越来越多地采用了纸作为书写材料。与莎草纸相比，中国纸取材广泛，颜色适合阅读，质地柔软，有弹性，折叠方便，易于保存，不像莎草纸那样容易发生风干、卷皱现象。

11 世纪图伦王朝末期，埃及开始拥有了自己的造纸厂，用中国的造纸术生产纸张。造纸术是印刷术的基础，此后，中国的雕版印刷术才具有了落地埃及的基本条件。2020 年在中国科技馆举办的"做一天马可·波罗：发现丝绸之路的智慧"专题展览中，展出了埃及现存最早采用中国雕版印刷术的印刷品，为阿拉伯文字，印刷时间约在 1300—1350 年间。

1798 年 5 月 19 日，拿破仑率领法兰西共和国阿拉伯埃及共和国集团军（东方集团军）32000 人远征埃及。除了 2000 门大炮，他还带了成百箱书籍，此外还有 175 名一流语言学家、科学家、考古学家和艺术家，以及几名出版印刷专家。远征军还携带了 3 部能排印法文和阿拉伯文的印刷机。法军于 7 月 2 日登陆亚历山大港，22 日占领开罗。随后拿破仑立即创办埃及境内第一份报纸《埃及信使报》。紧接着他又在开罗创办《埃及人旬报》，这是埃及学院的官方出版物，每期 36 版，以科学和文学为主要内容，定位受教育人群，资料显示该报纸至少出版到 1799 年 7 月。

拿破仑作为第一个利用当时最先进印刷术的宣传家，

不仅对现代传播学，尤其是战时传播学理论多有贡献，他还亲手创办并影响了多家报刊。拿破仑给埃及带去的第一台印刷机从客观上打击了埃及的传统势力，传播了西方资产阶级的思想和文化。印刷术的应用和印刷品的传播，也对埃及著名的改革家穆罕默德·阿里的改革起到了推动作用。但无论如何，印刷机在埃及的落地正是拿破仑对阿拉伯世界中心地区文化殖民的一种方式。

38　利比亚的钞票印刷危机

众所周知，印刷术为推动人类文明进步做出了巨大贡献。实际上印刷术还有一个运用领域，其作用可以说大到能够改变政局、掌控经济，小到人们生活日常必需。这个领域就是纸钞。世界上最早印刷的纸币是中国北宋时期四川成都出现的"交子"。1694 年，英国的英格兰银行创立，开始发行银单。银单最初是手写的，后来才改为印刷品，成为真正意义上的钞票。纸钞对于印刷技术要求很高，从纸张的工艺到制印版，整个印刷流程都要求防伪、精确，因此印钞业技术门槛很高，一个国家纸钞印刷水平的高低直接反映出这个国家印刷技术的水平。

利比亚是北非的一个国家，位于地中海南岸。1967 年，利比亚开展扫盲运动，并配套大量识字扫盲课本，出版印

刷业一度活跃。为达到宣传和号召的目的，利比亚印刷了扫盲运动纪念邮票在全国发行。1969 年的利比亚宪法还规定儿童 14 岁以前要接受义务教育，小学 6 年为义务教育阶段，一直延续至今。

利比亚长期实行单一国营经济，依靠丰富的石油资源，曾一度富甲非洲。1992 年开始遭受国际制裁，经济下滑，因而利比亚现代印刷业很不发达。本国都没有印刷自己的钞票——第纳尔的能力，只能委托外国印刷。这样一来，整个国家的经济控制相当被动，甚至会不时出现钞票危机。

2011 年以来，利比亚形成了民族团结政府和"国民军"两相对峙的局面，同时这两派也分裂了该国的经济。自此利比亚同时拥有两个中央银行。利比亚"国民军"控制的银行发行的第纳尔是由俄罗斯国家印钞造币股份公司印刷的，而利比亚民族团结政府控制的银行发行的第纳尔是由英国公司印制的。

利比亚第一次陷入外包印钞危机发生在 2011 年。2011 年 3 月 4 日，一艘载有利比亚第纳尔的货船被英国政府扣留。此举造成利比亚国内严重的缺钞情形，政府部门发不出工资，出现各种人道主义危机。2011 年 8 月 30 日，联合国安全理事会决定允许英国政府解冻这笔资金。8 月 31 日，英国空军飞机运载价值大约 2.8 亿利比亚第纳尔钞票抵达利比亚，这些钞票便是由著名的英国（托马斯）德纳罗印钞公司印制的，重达 40 吨。

2016 年 5 月，俄罗斯帮利比亚印制的 40 亿第纳尔纸币运抵利比亚。有关资料显示，2016—2018 年，俄罗斯就向利比亚印刷交付了价值约 71 亿美元的第纳尔。2019 年 9 月，马耳他海关扣留了一批俄罗斯印制的利比亚第纳尔。2020 年 5 月 29 日，马耳他当局再次没收了一批俄罗斯印刷的总额为 11 亿美元的利比亚第纳尔，引发国际社会广泛关注。

39　作为突尼斯社会变革动因的印刷术

1995 年 11 月 15 日，联合国教科文组织根据西班牙的提案，将每年 4 月 23 日正式定为"世界图书与版权日"，并在 1996 年更名为"世界读书日"，也被称为"世界图书日""世界书香日"。为何会把"世界读书日"定在 4 月 23 日呢？因为这确实是一个在世界文学领域具有特殊意义的日子。这一天是西班牙作家塞万提斯和英国作家莎士比亚同时去世的日子，此外，这一天也是世界上其他

144

一些著名作家的生辰或忌日。此后，每年的这一天，世界各地会广泛开展各种与阅读相关的活动。

1997 年 4 月 23 日突尼斯发行的世界图书与版权日（世界读书日）邮票，图为读者双手捧着精装笔记本，后面有一瓶墨水，本上有一支鹅毛笔

以此鼓励全球的阅读风气和习惯，引导世人，尤其是年轻人去发现阅读的乐趣。

突尼斯共和国，简称突尼斯，位于非洲大陆最北端，扼地中海东西航运的要冲，东南与利比亚为邻，西与阿尔及利亚接壤。突尼斯地处地中海地区的中央，拥有长达1300公里的海岸线。突尼斯是悠久文明和多元文化的融合之地，也是"丝绸之路"的西端。突尼斯在中国印刷术向西方传播过程中，曾起到过独特的作用。

在世界的人文历史上，印刷业的作用是众所周知的，它传播革新精神和文化规范。在18—19世纪，印刷术深刻地影响到突尼斯社会的政治、经济、文化发展，可以说成为突尼斯社会变革的动因：

第一，印刷术落地突尼斯，提升了人民的识字能力。1866年，突尼斯本地第一本印刷的阿拉伯文故事书——《玛莎·阿舒姆》出版。以后，包括法国文学、历史故事，以及民间文学得到大量印刷出版。它们都采用小幅面印刷，通常是只有几页的小册子。但正是这些小册子的散发和流

传，打破了知识被世族垄断的状态，市民文化人开始活跃。文化的扩张，提高了识字率并促进了教育的发展，改变了社会本身的形态。

第二，现代印刷术的出现扩大了宗教的影响力，1849年，突尼斯的印刷所采用石印技术印刷发行了第一本阿拉伯文的宗教书籍。可以说，整个世界范围内，基督教、伊斯兰教、犹太教的传道都与印刷术的进步密不可分。

第三，印刷术促使了信息的流动与传播。欧洲列强入侵各地的征途中，借由印刷技术开展的宣传工作始终走在入侵队伍的最前面。随着印刷技术的完善，特别是阿拉伯语印刷设备的出现，阿拉伯报刊也得到进一步发展。1861年，突尼斯王朝通过了新的刑法典和民法典，这是阿拉伯世界的第一部宪法。为此，突尼斯创办了第一份报纸——《突尼斯先驱报》，通过报纸的印刷发行，让法律条文传播到社会各阶层。此外，突尼斯还于1861年成立了第一家出版社，印刷出版的第一本书便是《突尼斯王国宪法》。两年后，英国和突尼斯签订条约，规定英国人在突尼斯可以"拥有各种不动产"，接着，法、奥、意、普各国都先后同突尼斯签订类似的条约。突尼斯愈加呈现出开放和国际化的态势，社会经济和政治发生了深刻的变化。

第四，印刷术成为传播政治思想的工具。突尼斯的哈伊尔丁（Khayr al-Din，1810—1889）是19世纪的政治家和改革家，他写的政论文《认识民族国家的最可靠的指导》于 1867 年经首领贝伊同意，由突尼斯国家印刷局印刷发行。该书成为燎原的星火，对突尼斯乃至阿拉伯世界的政治产生了深远的影响。

1888 年的突尼斯甚至开始印刷发行邮票，在非洲国家中仅比埃及晚一些。这充分说明了 19 世纪突尼斯印刷技术的相对发达，以及印刷术对政治、经济、文化生活的影响。文化不断下移，随之而来的民主运动此起彼伏。这些社会连锁反应的背后，都有着作为社会变革动因的印刷术的身影。

40　阿尔及利亚和中国的书籍情缘

每年的 4 月 26 日是世界知识产权日。但很多人都不知道的是，将 4 月 26 日这一天确定为世界知识产权日，源自中国和阿尔及利亚共同提出的议案。是不是让人有些意外？

中国和阿尔及利亚在 1999 年世界知识产权组织第三十四届成员国大会上共同提议设立世界知识产权日，2000 年，世界知识产权组织第三十五届成员国大会通过了该提案。提案受到了成员国的普遍欢迎，一致认为确定"世界知识产权日"和开展有关活动将有助于突出知识产权在所有国家的经济、文化、社会发展中的作用和贡献，有助于提高公众对人类在这一领域的认识和理解。4 月 26 日，同时也是《建立世界知识产权组织公约》实施的纪念日。1967 年 7 月 14 日，该法规颁布，1970 年 4 月 26 日，该公约开始实施。从 2001 年开始，每年的 4 月 26 日，作为世界知识产权日，世界知识产权组织成员国会以不同的方式开展宣传活动。

2012 年 4 月 26 日，世界知识产权组织总干事弗朗西斯·高锐在致辞里向中国的造纸术和印刷术致敬，并向蔡伦致敬。他说："他们（天才创新家）的创新改变了我们的生活。他们的影响巨大。他们有可能改变社会的运转方式。比如中国的创新家蔡伦。他为造纸术奠定了基础——这种技术改变了一切，因为它给知识的记录创造了条件。后来（中国）发明了活字，欧洲的谷登堡加以采用，发明了印刷机，进而推动了知识的传播和民主化。"

2018 年 10 月，在中国与阿尔及利亚建交 60 周年之际，以书为媒，中阿继续情缘。中国出版人不远万里，来到阿尔及利亚首都阿尔及尔，在海岸松展览馆举办第 23 届阿尔及尔国际书展中国主宾国活动，开启了一场为期 13 天的、以书籍为名义的中阿文化交流之旅。中国馆以中国印刷博物馆承办的"中国出版与印刷"文化展作为开篇，为阿尔及利亚的观众全面、生动、立体地展现了中华文化的魅力。活动采用了"展览＋互动"结合的方式，生动地讲述了中国故事，软性传播中华文化，受到阿尔及利亚媒体和观众的喜爱。阿尔及利亚的政界要人、文化界代表一行参观了主宾国展区及中国出版与印刷文化展区。中国和阿尔及利亚的媒体都对本次中国出版与印刷文化展区及体验活动进行了采访和宣传报道。

"求知，哪怕远去中国。"这是在阿拉伯地区广为流传的一句谚语。这一次书展期间，中国主宾国展区共展示了来自中国 43 家重点出版单位的 2500 多种，共 7500 多册精品图书。其中 60% 为阿文或法文图书，主要包括主题图书、传统文化、社科、文学、儿童等类别。这不仅给阿尔及尔的读者带去了一次前所未有、盛况空前的中国图书盛会，更是一次中阿文化交流的盛会、中阿民心相通的盛会。莫言、阿来、曹文轩、赵丽宏、徐则臣、辛德勇等一批具有海外影响力的中国作家、学者，集体现身本次书展。

2018 年阿尔及尔国际书展中国主宾国活动"中国出版与印刷"文化展体验区

他们和中国出版代表团的其他成员一起，与来自各国的学者、作家、出版人相互交流、相互学习、相互借鉴，共同分享各国各民族思想文化的优秀成果。在这次交流活动中，莫言还荣获阿尔及利亚"国家杰出奖"。

阿文版《习近平谈治国理政》（第一卷、第二卷）是此次中国出版代表团带来的最厚重的作品，为阿尔及利亚民众和其他阿拉伯国家读者理解当代中国打开了一扇窗。谈及阿尔及利亚读者为何会如此关注《习近平谈治国理政》一书，阿拉伯出版商协会秘书长巴沙尔·沙巴鲁这样回答——因为它对阿拉伯读者和世界读者都很重要。"你们的领导人用十根手指弹出了优美的歌曲，从来没有弹错过一个音符。"巴沙尔·沙巴鲁用阿拉伯人特有的诗意，表达他内心的感受。他认为这本书展示了中国领导人的治国理政思路和风格，是中国主动与世界沟通的重要标志。"阅读这本书，就能预见中国的未来。"

41　科特迪瓦的帕涅印花

科特迪瓦全称科特迪瓦共和国。科特迪瓦在法语中的意思是"象牙海岸"。科特迪瓦有着独特的服饰传统。特别是女人的传统服装，式样基本一致。无论老幼，一律用一块花布齐两腋或在腰间一围，垂及脚踝。这块做"围裙"

的布叫帕涅。因为帕涅属于人们刚需的日用品，所以，自古以来科特迪瓦人就对印花布特别钟爱，需求量特别大。

印花是指将染料按照设计好的花色印在织物上的一种工艺。它其实是世界上最早的印刷术。不过，它与后来被人们尊崇为"文明之母"的印刷术在概念上有所区别：印花是以图案为主要传播内容，以装饰为目的，而"文明之母"是以文字信息为主要内容，以传播文化为主要目的。除此之外，它还可以广泛应用于包装、装潢、织物印花等领域。

以前人们在研究印刷史的时候，往往是局限于文字出版物的范畴，而忽略了它的源头。事实上那只能算作书籍的印刷史，而并非全面真实的印刷史。从历史发展的规律中我们就能够理解，真正的印刷术必然源自人们日常生活的需要。印花毫无疑问是一门印刷技术，是雕版印刷术的前身。今天我们能看到的最早的印刷品是西汉时期的印花织物。早在中国古代的秦汉时期就出现了夹缬印花方法，到东汉时期夹缬、蜡染方法已经普遍流行，而且印制水平也有所提高。至隋代大业年间，人们开始用绷有绢网的框子进行印花，使夹缬印花工艺发展为丝网印花。当代，印花技术也还在不断地进步，数码印花技术正在飞速发展。

作为民族传统，帕涅在款式上始终如一。所以妇女们用颜色和图案来表达个人的喜好和个性，其花色各异，五彩缤纷，内涵丰富。

帕涅图案还可以表达妇女的感情，例如：有一种帕涅上的图案是四只人的脚，寓意"你我寸步不离"；还有一种印着游鱼图案的帕涅，被称为"炭烤鱼"，意为周末晚上丈夫带她下饭馆。这些都是显示夫妻恩爱的图案。另一种帕涅上画有一只眼睛，叫"找情敌的眼睛"，意在炫耀自己的美丽，引起情敌的嫉妒。有的图案表明"你为什么恨我"；有的写有"亲爱的，别转过身去"，这是女人对男人无声的抗议。

帕涅图案还可以紧跟政治、经济形势和现实生活而变化。例如，1985年8月参加阿比让大教堂落成典礼的成千上万名妇女都穿着印有教皇头像的帕涅。20世纪80年代末至90年代初，科特迪瓦经济困难，有一种叫"危机"的帕涅十分盛行。2000年10月，科特迪瓦进行总统选举，许多妇女就穿印有自己拥护的总统候选人头像的帕涅。

42　达·芬奇发明的印刷机

　　是不是标题搞错了，列奥纳多·达·芬奇（Leonardo da Vinci，1452—1519）不是画家吗？不是谷登堡发明了印刷机吗？确实，我们都知道达·芬奇是画家，他的《蒙娜丽莎》的微笑令人着迷，印刻在全世界人们的心里。但他不只是位画家，更是当之无愧的发明家。

　　达·芬奇出生于意大利的文艺复兴时期，他涉及的领域包括素描、绘画、雕塑、建筑、科学、音乐、数学、工程、文学、解剖学、地质学、天文学、植物学、古生物学和制图学等。他被认为是世界上有史以来最伟大的画家之一，为后来的艺术家也做出了很多贡献。尽管他没有接受过正式的学术训练，许多历史学家和学者仍将达·芬奇视为"环球天才""文艺复兴巨匠"的典范。他拥有天才的好奇心和极富创造性的想象力。达·芬奇融会贯通各种学科，接纳各种元素。他甚至被当代网友誉为史上排名第一的发明家，因为他发明的东西实在太多了。达·芬奇经常做笔记，在去世后留下了大批未经整理的手稿。达·芬奇实际留存下来的手稿有 20 多本，近万页稿件。但这还只是一部分，因为达·芬奇去世时，有部分手稿被人当成废纸销售了出去。说得再具体一些，达·芬奇至少从 16 岁开始，就孜孜不倦地撰写手稿，也就是说他人生中四分之三的岁月都有手稿为证。我们甚至可以根据他手稿的具体创作时间拼凑出他 50 多年的人生每天到底发生了什么。很酷的一件事情是：2005 年，一名英国外科医生用达·芬奇设计的方法做心脏修复手术。这件事情本身就让人吃惊，要知道达·芬奇当时对人体循环系统工作机理一点概念都没有，这简直令人惊诧。

达·芬奇的手稿里绘有许多东西的设计图，印刷机就是其中一例。达·芬奇所处的时代，正是印刷术横扫西方世界的时代，人人都爱印刷术。出于对印刷机的喜爱，他也进行了研究和探索。他在手稿中绘制了一台"奇形怪状"的印刷机，被译为自动铅活字冲床印刷机。他发明印刷机的时间仅比第一位发明铅活字版机械印刷机的谷登堡晚了半个世纪。而半个世纪以来，谷登堡的手扳式平压平印刷机没有任何改进。达·芬奇是想要让印刷的自动化程度更高，压印时更加省力。所以，他将冲床与印刷机相结合，在印刷机的螺旋杆顶部加了圆盘式压力装置，通过齿轮带动圆盘可以实现自动加压盖印，并联动推送进纸盘，印刷机只需要一个人操作就能同时完成两道工序，理念上可以让印刷机变得高效而省力。

不过，在他的时代，这台印刷机仅仅以手稿的形式停留在他的笔记本里。如今，达·芬奇手稿中的罗盘式印刷机已经被人们复原出模型进行展览，还有人将它做成了文创产品，让孩子们在玩耍中锻炼动手的能力，激发达·芬奇式的奇思妙想。

LES INVENTIONS de
LEONARD de VINCI
Presse d'imprimerie

Côte d'Ivoire 2012

*Presse
d'imprimerie*

1500 *F*

2012 年，科特迪瓦发行的邮票：达·芬奇和他设计的印刷机

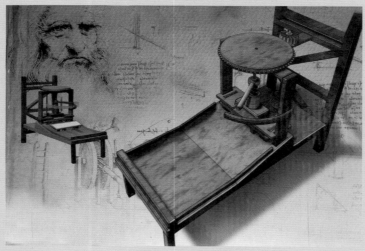

达·芬奇设计的印刷机复原模型

43　多哥人认为活字印刷来自中国

　　多哥共和国简称多哥，是西非国家之一，也是世界最不发达的国家之一。尽管国家不发达，却十分尊重历史，并且努力发展。因此，多哥在 2000 年向全世界发行了一套大型纪念邮票，纪念 1000 年至 1050 年这 50 年间，影响人类进程的重要事件。全套邮票共 18 张，除了一张纪年邮票，其他每张邮票都代表一个重大事件。也就是说在多哥人眼中，1000—1050 年间有 17 件影响世界的大事件发生。其中，有 3 张邮票描绘的是中国的事件，也就是中国的"三大发明"。这套纪念邮票以历史时间为序排列，左边一列为图画的注释，其中记载了中国发明的火药，时间记为 1000 年，画面中两位中国古人正在点火发射火炮；中国发明的纺车，时间记为 1035 年，画面为中国妇女在用纺车纺线；中国发明的活字印刷术，时间记为 1050 年，画面为一位中国男人正在进行活字排版。

　　总结起来，以多哥人的视角，人类社会公元纪年的第二个千年初期，17 件重要事件里有 3 个来自中国，这个比例可以说相当高。最值得一提的是，不发达的多哥用最准确的语言，对活字印刷术这个中西方语境中有着不同含义的发明进行了表述。我想，这也应该令许多妄自菲薄的中国人汗颜。因为，有些数典忘祖的人，贬低以毕昇为代表的活字发明，把发明活字印刷术的"军功章"颁给德国的

2000 年，多哥发行的千禧年大张纪念版邮票，其中包括中国发明的活字印刷术

谷登堡，甚至有的韩国人也想将其揽为己有。一个国家，乃至整个人类，如果没有对历史宽容的接纳度和对前人智慧劳动的尊重，就很难树立文化自信，更难在前人的基础上开拓创新。

活字印刷术的发明是继雕版印刷术之后中国古代印刷史上第二个里程碑。正像多哥这枚邮票旁边注释所表述的："中国发明活字印刷术用于印书"。毫无疑问，活字印刷术是用于印书的。只有活字具有如此鲜明的特征，它之前的雕版印刷术，以及之后出现的各类印刷术都具有既可印图画，也可印文字的特点，只有活字，旗帜鲜明的是以文字为对象。

在中国，11 世纪时毕昇发明的活字印刷工艺本身已相当成熟，后世出现的木活字、锡活字、铜活字、铅活字等，只是制作活字的材质上的改变，印刷工艺并无实质性变化。

现代多哥共和国占据重要地位的产业是蜡染印花布。蜡染印花技术很早就在世界各地落地生根。尽管非洲国家蜡染花布出现得比埃及、印度都要晚一些，但是并不妨碍蜡染印花业成为他们引以为傲的传统手工业。进入 21 世纪以来，现代丝网印刷技术已经能够实现以传统的审美呈现传统蜡染印花的效果。因此作为多哥的友好贸易伙伴，中国的丝网印花布以价廉物美的优势，成功出口多哥共和国，在新时代，续写了"丝绸之路"的佳话。

44　中国援建的刚果（布）纺织厂印制花布

　　刚果共和国简称为刚果（布），位于非洲中西部。尽管刚果（布）这个赤道国家全年气温徘徊在 15℃—35℃之间，无明显季节变化，但布料、成衣、毛巾、蚊帐、床单和被子仍然是生活必需品，刚果（布）人需求最多的就是印花布。但直到 20 世纪中叶，刚果（布）都没有纺织厂，也没有制衣厂，纺织品完全依赖进口。

　　1964 年 2 月 22 日，中国和刚果（布）建交。自建交以来，中国共向刚果（布）提供了数十个援助项目，其中就包括出口 3 台自动丝网印刷机，为纺织厂印制花布。项目启动后，1966 年 7 月和 10 月，首批刚果（布）纺织

1969 年刚果（布）发行的邮票，庆祝中国援助的纺织厂建成投产，图中刚果（布）工人正在用中国的自动丝网印刷机印制花布

印染实习生来华，到大连、金州的三个工厂实习。同时，由中国轻工部第二设计院（今中国纺织工业设计院）设计，辽宁省纺织局筹建布拉柴维尔郊区金松迪纺织厂，总投资规模约 708 万元人民币。1969 年，刚果（布）第一家现代纺织厂由中方建成投产，年加工能力为 1100 吨棉花，年产印花布 400 万米，针织品 15 万打。在此期间，中国方还不断扩建厂房，包括成衣车间，毛、浴巾车间和丝网印刷车间。但是由于刚果（布）不产棉花，纺织厂 90% 以上的原料靠进口，加之管理混乱等原因，纺织厂纺织部分于 1977 年停产，1988 年全厂停产关闭。时过境迁，如今金松迪纺织厂已全部荒废，护栏网里面住满了无家可归的穷人。1969 年刚果（布）发行了庆祝中国援助的纺织厂建成投产的邮票，图中那台从中国漂洋过海而来的自动丝网印刷机已不知所终。

新时代，中国提出了构建人类命运共同体的主张，这是中国为促进世界和平与发展提出的中国方案，也是中国为实现人类美好未来提出的努力方向和目标。中国援建的刚果（布）纺织厂、出口的自动丝网印刷机和培训刚果（布）工人印刷技术，都是构建人类命运共同体的具体实践，也是中国的伟大发明持续惠及全人类的例证。所以我们说，印刷术是中国的，也是世界的。

45　文达人眼中的"四大发明"

文达位于非洲的津巴布韦南部，面积6198平方公里，包括南非德兰士瓦省内的一块飞地。文达于1979年独立，1994年重返南非。

1991年，文达印刷发行了一套邮票，叫作《中国古代四大发明》。与我们中国人耳熟能详的中国四大发明不同，他们列出的中国"四大发明"为火药、造纸术、算盘、指南针，用算盘替代了印刷术。这是为什么呢？造纸术、印刷术、火药、指南针是中国古代"四大发明"，这是妇孺皆知的事，是中国人的荣耀与骄傲。然而，为什么它们被称为"四大发明"？是谁最早提出来"四大发明"这个概念？什么时候提出来的？……这些问题的答案却鲜为人知。

事实上，最早被提出来的概念不是"四大发明"，而是"三大发明"，其中没有造纸术。"三大发明"并不是中国人最先提出来的。中国科学院自然科学史研究所前所长、原中国科学技术史学会副理事长仓孝和先生在《自然科学史

1991年文达发行的邮票《中国古代四大发明》：火药、造纸术、算盘、指南针

简编》中写道，1550 年，意大利数学家杰罗姆·卡丹首次指出，司南（指南针）、印刷术和火药是中国的"三大发明"，是"整个古代没有能与之相匹敌的发明"。

从 16 世纪开始，西方学者将印刷术作为重要发明开展相关学术研究，并且慷慨地给予印刷术各种荣誉。19 世纪时，西方学界对于印刷史的研究达到一个高峰。马克思、恩格斯等伟大的学者纷纷对印刷术的重要贡献极尽赞颂。

20 世纪 30 年代出版的中国历史教科书中，"三大发明"的概念开始频繁出现。1933 年，中国学者陈登原编著的《陈氏高中本国史》由世界书局印刷出版，首次提出"四大发明"的概念。书中还专门将"四大发明"作为一个条目来阐释，他指出："在近代，中华民族，似不曾对于世界有所贡献。然而在过去，确曾建立不少的丰功伟业。即以'四大发明'而论，中国人不知帮助了多少全人类的忙！纸与印刷，固为近代文明所必需的物件，即军事上用的火药，航海时用的罗针，何当效力稀小？然而，这四者，都是在中国史上，发现得最早呢！"从此，"四大发明"的表述正式进入中国教科书的知识体系中，并逐渐传播开来。1940 年，当时的官方教育总署出版的《高小历史教科书》中，对"四大发明"的产生与传播进行了论证。这样，经过几代教科书编撰者们的传递，"四大发明"之说在中国历史中逐渐成为一种常识，被普通大众理解并记忆。

陈登原编著的《陈氏高中本国史》，世界书局1933年印刷发行

文达现属南非共和国。南非与中国的交往频繁，出版印刷业间的交流也有悠久的历史。南非创办过的华文报纸近 30 种。南非第一份华文报纸是《侨声报》，于 1931 年由定居在南非的华人华侨集资创办。其部分印刷设备，特别是中文铅活字采购自中国。1994 年南非华人创办《华侨新闻报》，这是目前南非历史最悠久的仍在发行的报纸。2005 年 5 月 1 日，首份面向全非发行的华文报纸《非洲时报》在南非约翰内斯堡创刊，是南非最主要的华文媒体之一，也是发行量最大的非洲华文媒体之一。除了传统发行的报纸，南非还发行了一些华文期刊，其中《虹周刊》和《南非华裔》是发行量较大的两种期刊。《虹周刊》创刊于 2006 年 8 月，是南非首本采用简体中文的周刊。

46　新时代"一带一路"上的印刷术

自 2013 年中国国家主席习近平在访问哈萨克斯坦和印度尼西亚时，先后提出共建"丝绸之路经济带"和"21 世纪海上丝绸之路"的倡议以后，中国与相关地区的贸易流动逐渐增加。"一带一路"战略主要围绕中亚、西亚、南亚、东南亚、中东欧、非洲等中高速发展的新兴市场，这些地区国家的印刷业并不是很发达，可以说是中国印刷业发展海外的新蓝海市场。其中，非洲有着庞大的人口数量，市场巨大。比如有着约5000万人口的东非坦桑尼亚，整个国家只有30多家印刷厂。有些非洲国家甚至还没有成规模的印刷企业，印刷品完全依靠从其他国家引进，更不用说像钞票、护照等代表着国家形象的高精度防伪印刷品的印刷。

中国是全球重要的印刷加工基地之一，总量增长较快，规模企业实力显现，绿色印刷稳步推进，数字印刷发展迅猛。根据相关统计，2019年中国印刷业总产值近1.3万亿元人民币，位居世界第二。中国印刷业已经具备相当强的海外拓展实力。江苏凤凰出版传媒集团便是海外拓展出版印刷业的先锋。2012年，凤凰出版传媒集团全资投资的中国第一家海外数码印刷基地——凤凰传媒国际（伦敦）有限公司数码印刷基地在英国东南部的埃塞克斯郡正式启动。2013年10月23日，凤凰出版传媒集团在澳大利亚设立的子公司——凤凰传媒国际澳大利亚有限公司在墨尔本正式揭牌。

继欧洲和澳洲之后，凤凰出版传媒集团将下一个目标定在了非洲。2015年6月19日，由凤凰出版传媒集团联合中江集团建设的中非（纳米比亚）印务基地揭牌成立。纳米比亚位于南部非洲西面，是中国在非洲的全面战略合作伙伴。

多年来，双方在各领域合作稳步推进、成果丰硕。基地是凤凰出版传媒集团印刷板块打造的一家集工业印刷、数码印刷、数字印前制作、文化贸易、技术培训等为一体的国际化运作中心，距离纳米比亚首都温得和克市中心70多公里。中非（纳米比亚）印务基地由凤凰新华印务公司负责运营。同时落户基地的还有符号江苏国际（纳米比亚）文化交流中心、凤凰千年兰印务有限公司。公司之所以定名为"千年兰"，是特别融入了纳米比亚本地文化。千年兰也叫百岁兰或万代兰，原产于非洲纳米比亚沙漠。研究表明，千年兰在有恐龙的时候就已经存在了，是世界上唯一永不落叶的珍稀植物，是植物界的活化石。凤凰千年兰印务有限公司在纳米比亚有两个机构：一个现代化的印刷车间在印务基地，一个数码印刷中心设在首都温得和克市内。

中非（纳米比亚）印务基地建成运营，为中国的大型出版印刷传媒集团进军西南非洲文化市场拉开了序幕。从

2015 年 6 月，凤凰千年兰印务有限公司开业典礼

某种意义上讲，该基地肩负着探索新时代中国助力非洲印刷工业发展道路的责任，为中非文化产业发展不断创造价值，架设起两国文化交流、商业合作、友谊共进的新桥梁。

47　利比里亚致敬联合国印刷技术援助

利比里亚共和国简称利比里亚，是非洲西部的一个国家。15世纪下半叶起西方殖民者相继侵入。1821年美国殖民协会在沿岸建立黑人移民区，1824年称利比里亚。1838年合并各移民区，成立利比里亚联邦。1847年7月26日宣布独立。

利比里亚是世界最不发达国家之一。在联合国的带领下，20世纪60年代开始，各国向利比里亚伸出了援助之手，特别是智力扶贫、推动利比里亚扫盲项目方面。1985年，利比里亚发行邮票，以凸版印刷机的引进为象征，向联合国的技术援助致敬，向印刷术致敬。邮票上，三位印刷工人正在操作一台凸版印刷机印制文化用品。这种凸版印刷机俗称圆盘机，是由于其墨台呈圆盘形而得名。这是20世纪铅活字印刷时代的主力机型，属于平压平的印刷方式。其产生的压力大且均匀，适用于印刷商标、书刊封面、精细的彩色画片等。但圆盘机的缺点是：印张尺幅一般不超过8开，只适合小幅面印刷。印刷的时候，给墨装置先使油墨在圆盘上分配均匀，然后通过墨辊将油墨转移到印版上。由于印版上的图文部分远高于非图文部分，因此，油墨只能转移到印版的图文部分，而非图文部分则没有油墨。给纸部件将纸输送到印刷部件，在压力作用下，印版图文部分的油墨转移到承印物上，从而完成一次印刷品的印刷。雕版也好，活字版也罢，都属于凸版印刷。尽管雕版印刷和铅活字印刷已经被历史淘汰，但当代凸版印刷依然存在，已经发展为柔性版印刷。

柔性版印刷常简称为柔印，前面也介绍到了，它有三个突出的优势：一是印版柔软；二是耐印力高；三是柔印不仅能用挥发性柔性版油墨，而且能用水性油墨，不会造成环境污染，绿色环保，符合食品包装印刷品卫生标准。正因为柔性版材的崛起，凸版制版现在变得相当容易。那些或进入博物馆、或进入回收站的老旧凸版印刷机又重新焕发活力。很多工作室将它们修复打扮一新，用来承接文化创意活动或者复古印刷，体味手感独特的凸版魅力。

1985 年，利比里亚发行的印刷工人操作印刷机邮票

48　塞拉利昂发行的世界第一套不干胶邮票

不知道年轻人有没有注意到一些老电影中的画面：旧时人们经常直接伸舌头舔一下邮票，用口水将邮票贴到信封上。如果不用口水或者水涂抹一下背面，邮票是没有黏性的。这是为什么呢？

因为邮票的背后刷有一层背胶。背胶，顾名思义，就是邮票背面所刷的胶质物。这是为了邮票在使用时便于粘贴，世界上第一枚邮票《黑便士》诞生时就刷有背胶，人们只需要用水把邮票的背面弄湿，就可以很方便地把邮票贴在信封上了。邮票的背胶很重要，具有四个方面的作用：一是贴邮票方便；二是能使邮票挺直，制作出来的邮票齿孔光洁；三是具有一定的防伪功能；四是对邮票能起到保

1964 年 5 月
11 日，塞拉
利昂发行的
自粘贴邮票
其中 8 枚

护作用。现代使用的邮票背胶对人体无害、无毒、无酸苦等异味。可谁曾想到，这毫不起眼的背胶还闯下过"滔天大祸"。

19世纪末至20世纪中期，邮票曾成为病菌逃脱人们检查的繁殖之地，也成为多国传染肺病的媒介。第二次世界大战时，德国军队中流行一种叫"战场病"的传染病，经调查就是由往返邮件和邮票背胶引起的，一时弄得人人神经紧张，视邮件为瘟神。于是，美国率先改用营养糨糊，德国使用消毒糨糊，各国还对来自瘟疫流行国家的邮件用烟、醋等物加以消毒。这种邮件上加盖特制印记，证明外表或内件已消毒，被称为"消毒邮件"。

为纪念在美国纽约举行的世界博览会，位于非洲西部的塞拉利昂（共和国）于1964年2月10日发行了世界首套自粘贴（不干胶）邮票，共14枚。此邮票以该国地图作为不规则的外形和底图，其上可见首都弗里敦及其他主要城镇的地名、河流和海岸线，国名下面还标注了"铁和钻石的国土"字样，显示了该国的两大天然资源。前7枚中间图案取自国徽上的狮子（塞拉利昂国名中的"Sierra Leone"便是葡萄牙语"狮子山"之意），面值分别为1便士、3便士、4便士、6便士、1先令、2先令和5先令；后7枚是以地球为主图的航空邮票，面值分别为7便士、9便士、1先令3便士、2先令6便士、3先令6便士、6先令、11先令。所有邮票下部均印有"1964-5纽约世界博览会"

字样。

该邮票由英国的沃尔索尔印刷公司印制，该公司为此还专门开发了一种水质的丙烯酸背胶，以方便邮票的揭取和贴用。邮票用胶版印刷，印好后的每枚邮票都要裁切成型，又不能切断其背后的衬纸，在当时也算是一项新技术。自粘贴邮票较好地解决了在炎热、潮湿的热带气候下一般带背胶邮票容易粘连的问题，这也是塞拉利昂这个非洲国家当年推出它的初衷。

塞拉利昂为此专门以政府公函信封制作了首日封，封图醒目地印上"历史上第一套不规则形自粘贴邮票"字样和两种不同图案的邮票，加盖红色弗里敦首日纪念邮戳，邮戳最外圈文字是"历史上第一套自粘贴不规则形邮票"，与封上所印文字顺序略有不同。

该套邮票发行 3 个月后，即 1964 年 5 月 11 日，为纪念美国总统肯尼迪，塞拉利昂又推出一套 14 枚同样外形和底图的自粘贴邮票，面值和用途也与上述各邮票相同。此后，自粘贴邮票因易于保管、使用方便等特点而受到各国邮政部门的欢迎，纷纷加入发行此类邮票的行列，至今已有许多国家(地区)发行过规则或不规则形的自粘贴邮票。但是，自粘贴邮票并不完美，也有缺点：一方面，它必须连背面的衬纸一起保存，不能单独收藏。另一方面，一旦邮票贴到信封上，便很难将它弄下来。

第四章
北美洲印刷历史故事

北亚美利加洲简称北美洲，是万众瞩目的大洲，因为北美洲有一个政治、经济影响力都位居世界首位的美国。当然，北美洲的加拿大也是发达国家。但其实北美洲的经济发展十分不平衡，除了美国和加拿大是发达国家，其余的国家都是发展中国家。同国家经济发展情况一致的还有北美洲的印刷技术、出版文化的发展情况，也呈现出发展不平衡的两极分化现象。北美洲现有 23 个独立国家，本章讲述北美洲大陆上发生的 16 个与印刷历史相关的故事。

49 安的列斯群岛最早印刷的报纸

安的列斯群岛是美洲加勒比海中的群岛，指西印度群岛中除巴哈马群岛以外的全部岛群，位

1984 年，安的列斯发行的纪念岛内报纸印刷 100 周年邮票。图中为《阿米格》报，1884 年 1 月 5 日创刊

于南美、北美两大陆之间，由大安的列斯群岛和小安的列斯群岛组成。先后有西班牙、英国、荷兰、法国的殖民者踏足安的列斯群岛，来争夺殖民地。1954 年起它成为荷兰的自治领地，1986 年阿鲁巴岛脱离荷属安的列斯，成为一个单独的政治实体。2010 年荷属安的列斯解体，各个岛与荷兰保持不同程度的关系。由于安的列斯群岛长期属于荷兰殖民地，它在文化教育等方面都与荷兰制度相同，其造纸印刷业也极具荷兰特征。

安的列斯群岛最早的印刷业也是根据新闻报纸的印刷需求而创建的，地点就在当时安的列斯群岛六大岛中人口最少却十分繁荣的圣尤斯特歇斯岛。有意思的是，这个曾印刷安的列斯群岛第一份报纸的岛上，今天却没有一家报社。

18 世纪末，圣尤斯特歇斯岛成为一个重要的商业中心，有 600 个仓库、8000 人口。与此同时，许多加勒比地区国家在美国独立后陷入经济停滞。与圣尤斯特歇斯岛邻近的圣基茨岛当时为英国的属地，它那时作为群岛的印刷中心已长达 30 多年了。爱德华·路德·洛在圣基茨岛开办有国王印刷厂。1790 年，他申请来圣尤斯特歇斯岛开办印刷厂。经过批准，1790 年 4 月，爱德华·路德·洛创办了一份名为《圣尤斯特歇斯公报》的周报，一直持续到 1794 年。这份报纸创办以后，也被用作官方公告。报纸上的外国新闻大多是从船上带来的其他报纸上抄来的，尽管它们能提供的信息很少，但这些新闻源源不断，因为每周都有许多乘客从船上下来。这些官方公告和各地新闻很受人们欢迎。爱德华·路德·洛在他的广告中说他能承接各种印刷业务，拥有各种字模和铅字。这份在圣尤斯特歇斯岛首创的公报为双语，即荷兰语和英语。

1884 年 1 月 5 日，《阿米格》创刊。这是安的列斯群岛延续至今的报纸中历史最悠久的，也是库拉索岛规模最大、时间最长久的荷兰语报纸。直到今日，不仅报纸还在印刷发行，报社还与时俱进，融合发展，创办了阿米格欧新闻网，外文名称：Amigoe Nieuws。阿米格欧新闻网是荷兰语新闻网站，报道包括经济、政治、体育、娱乐等各类新闻。阿米格欧新闻网站除了大量的荷兰语新闻内容，还提供少量英文新闻资讯，侧重于严肃类的话题。

50　安提瓜和巴布达致敬盲文印刷

安提瓜和巴布达位于加勒比海小安的列斯群岛中背风群岛东南部。1493 年，哥伦布第二次航行美洲时到达安提瓜岛，并以西班牙塞维利亚安提瓜教堂的名字命名该岛。岛上绝大多数为非洲黑人后裔，多数居民信奉基督教，首都为圣约翰。

1992 年，安提瓜和巴布达发行了一套 8 枚的邮票——《发明先锋》，选择了世界范围的 8 个发明家和他们的发明。其中包括中国的蔡伦和他的造纸术，其他发明还有伊戈尔·伊万诺维奇和他的四引擎飞机、亚历山大·格拉汉姆·贝尔和他的电话机、谷登堡和他的印刷机、詹姆斯·瓦特和他的蒸汽机、安东尼·凡·列文虎克和他的显微镜、路易斯·布莱叶和他的盲文印刷、伽利略和他的望远镜。这八大发明中的七大发明都是人们耳熟能详的，只有盲文印刷鲜为人知。盲文是怎样印刷的呢？

我们可以想象一下，如果一个人看不到东西，怎么读书、看报、了解万事万物的点滴信息呢？如果一位盲人，生活在完全没有信息的世界，会不会感到枯燥和绝望？幸好，世间总会涌现出各种英雄。路易斯·布莱叶（Lovis Braille，1809—1852）就是其中一位。尽管大众对这个名字很陌生，但是我想，全世界的盲人都应当向路易斯·布莱叶致敬，就像读书人应当向蔡伦致敬一样。路易斯·布莱叶发明了一种凸起的点系统，整套系统后来发展成为视觉障碍者的全球公认代码，使全世界的盲人能够读写。

布莱叶出生于法国考普瓦利。他的父亲生产经营马鞍等马具。布莱叶3岁时被一个用于在皮革上打孔的锋利锥子伤害了一只眼睛，导致他的两只眼睛都被感染了。到布莱叶5岁时，他已经完全失明了。尽管当时盲人的选择很少，但布莱叶的父母并没有放弃对儿子的培养，他们希望儿子能像普通人一样接受教育。所以，布莱叶进入所在村庄的学校上学，通过聆听来学习。布莱叶是一名专心认真的好学生，没有辜负父母的希望。10岁那年，他获得了奖学金。然后，他前往巴黎的国家盲人青年研习学校，继续学习文化和职业技能。在学校里，他遇到了查尔斯·巴比尔。巴比尔曾在法国军队服役时发明了一种代码，该代码使用12个凸起点的不同组合来代表不同的声音。巴比尔称其为系统超声检查，那些看不见的人可以通过触摸点来解码信息。它被发明的目的是让士兵在夜间进行静默通信，但是最终它没能成为实用的军事工具。不过巴比尔认为该系统可能对盲人有用。

布莱叶是学校中对巴比尔的系统感兴趣，并抱有期待的人之一，但他也发现了这个体系的缺点——它非常复杂，连士兵学习起来都觉得很困难。而且，它基于声音而不是字母。布莱叶花了3年的时间（从12岁到15岁）开发了一个更加简单的系统。他的盲文基本单元只有6个点，3

1992 年，安提瓜和巴布达发行的纪念路易斯·布莱叶和他的盲文印刷的邮票

盲文印刷的书籍

行 2 列。他为不同的字母和标点符号分配了不同的点组合，总共有 63 个符号。

1829 年，布莱叶出版了《供盲人使用的写作法及用点符学习音乐和无伴奏歌曲》。经过坚韧不拔的努力，他 19 岁时成为美国国家盲青年研习学校的学徒老师，24 岁时成为正式老师。1837 年，学校出版了第一本盲文书。但是，盲文系统在该校备受争议，学校当时的负责人亚历山大·弗朗索瓦·雷尼·皮涅尔曾支持使用盲文。但到 1840 年，学校更换了领导，新的校长禁止使用盲文。到 1850 年，布莱叶由于结核病而被迫退休，但他的 6 个点盲文法逐渐被越来越多的人接受。1887 年，6 点制盲文被国际公认为正式盲文。为了纪念布莱叶的创造，1895 年国际上决定以他的姓命名盲文（Braille）。

盲文印刷的核心是触摸和凸起，所以最早的印刷方法是用铅活字进行压凸。这种印刷方式，表面上看与普通的活字印刷一样，但实际上普通的铅活字的字是向外凸的，而盲文的铅活字的字是向内凹的。此外，盲文是凹凸的，所以一般只能是单面印刷。随着印刷技术的进步，盲文印刷既可以采用凹版印刷，还可以采用丝网印刷。现在，3D 打印也已经运用于盲文印刷领域，更加绿色环保。

51　巴哈马的错版邮票印刷机

巴哈马全称巴哈马国。早在 300—400 年，巴哈马就有印第安人居住。巴哈马群岛中的圣萨尔瓦多岛是 1492 年哥伦布首航美洲登陆处，1783 年英国和西班牙签订《凡尔赛和约》正式确定巴哈马群岛为英国属地，1964 年实行内部自治，1973 年 7 月 10 日宣布独立。

巴哈马 1979 年发行了 1 套 4 枚的《罗兰·希尔逝世 100 周年》邮票。那么，罗兰·希尔是谁？罗兰·希尔（Rowland Hill，1795—1879）是世界上第一枚邮票《黑便士》的发明人，也是英国邮政改革家，被人们誉为"邮票之父"。而邮票的诞生，源于一起拒付邮资的事件。

1837 年的某日，罗兰·希尔在英国的一个小村庄目睹

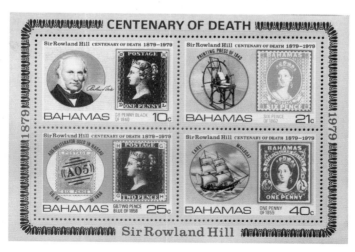

1979 年 巴哈马发行的《罗兰·希尔逝世 100 周年》邮票

了一件事：一位邮差敲开一扇门，呼唤一位名叫爱丽斯·布朗的姑娘取信。那位秀丽的姑娘接过信，看了看，便把信退还给邮差，理由是付不起邮资，只好把信退回去。这令风尘仆仆的邮差心怀不满。热心的希尔问清事情的原委，便替姑娘付了邮资。姑娘拿到信，对希尔说："先生，谢谢你！不过这封信我也不用拆开了，它里面没有信。"好奇的希尔追问为什么。姑娘回答："因为我家里穷，没有钱，付不起昂贵的邮资。我和在军队服役的未婚夫事先约定，他在寄来的信封上画个圆圈，表示他身体安康，一切如意。这样，我就不用收信了。"

听了布朗的回答，希尔既为她的家境难过，同时也感到邮资的交付方式有问题。当时英国的邮政管理局规定：邮资由收件方给付。如果收信人拒付，信便退给寄信人。希尔决意拟定一个科学的邮政收费办法。他随后出版了小册子《邮政改革：其重要性与实用性》。他的改革建议简称为"一便士均一邮资法"，主要内容是，在英国本土重量 0.5 盎司以下的信件统一收取 1 便士的邮资，邮资必须预付。1839 年，英国财政部采纳了希尔的建议。1840 年 5 月 6 日，英国邮政管理局发行了世界上第一枚邮票。邮票上印着英国维多利亚女王登基时的侧面浮雕像。在白色无底纹纸上，对着阳光一照，可以看到邮票的正中有一个小皇冠水印。由于该邮票面值以便士计量，用黑色油墨印制，故称黑便士邮票。邮票由雕刻家希思父子雕刻版模，帕金斯、培根和佩奇公司承印。

帕金斯、培根和佩奇公司创建于1819年2月，地点在美国，名为帕金斯和培根公司。后迁至英国。雅各布·帕金斯是美国的一个发明家和机械工程师，他发明制作的旋转曲纹雕刻机，可以制作极其繁复的几何曲纹图案，具有很强的防伪作用。《黑便士》的底图花纹就是采用这种机器雕刻的。1819年12月这家公司更名为帕金斯、费尔曼和希思公司。1822年他的商号改名为"帕金斯和希思"，1835年之后商号又改称"帕金斯、培根和佩奇"。1852年商号再改名为"帕金斯和培根公司"，此后公司一直使用这个名称。印刷《黑便士》的印刷机最典型的特征就是大圆轮，英文称这种印刷机为"Jacob Perkins D cylinder Printing Press"，意为帕金斯D型圆筒凹印刷机，俗称大圆筒印刷机。早期各国印刷雕刻钢版凹印邮票，都是用这款印刷机。由于这款印刷机是由人工转动大圆轮，因此，圆轮一般位于操作者的右手边。在《罗兰·希尔逝世100周年》这套邮票中，其面值21分的邮票以1840年黑便士印刷机为主图，但票中印刷机的大圆轮被反置了，成为一枚图案有误的错票。

巴哈马还有一座与邮票有关的著名景观，那就是世界上唯一的海底邮局。海底邮局建立在巴哈马的海床上，1939年8月16日建成。邮局是美国威廉森光球设施的一部分，这光球设有一个由玻璃构成的球状水下观察室，配备着观察水下现象的装置。从这里寄出的邮件均盖上一个专用的椭圆形邮戳，上面印着"海底巴哈马"字样。

52　百慕大圣乔治镇的印刷博物馆

　　说起世界上最神秘的地方，百慕大绝对算得上一个。相信很多人对它的印象来自"百慕大魔鬼大三角"和"罗盘失灵外星人劫持"等神秘传闻。百慕大全称百慕大群岛，真实的百慕大是一处风情万种的旅游胜地，跟那些猎奇故事没有太大的关系。百慕大是历史最悠久的英国殖民地，陆地面积加起来仅相当于八分之一个北京朝阳区，岛民约6万人，但人均 GDP 却在全球排名前列，被誉为世界"离岸金融中心"。除了惊人的财富，百慕大引以为傲的还有世界上最美的蓝宝石海岸线、淡粉色沙滩，以及富有英伦气质的世界文化遗产古镇——位于百慕大群岛东北端的圣乔治镇。它曾是英国人在岛上的第一处永久定居点，始建于 1612 年。这里的发展与北美大陆的移民史联系紧密，上万名的百慕大居民移民美国，为美国的经济商业和人口发展都起到了相当大的促进作用。现在的圣乔治镇内仍保留着大批历史建筑，2000 年，联合国教科文组织世界遗产委员会将这里列入《世界遗产名录》。

　　圣乔治也是百慕大印刷业的起源地。1784 年，这里最早引进了印刷机，印刷发行了第一份百慕大报纸。为了纪念这段印刷史，现在这里建立了一个小小的印刷博物馆，位于小镇上的羽毛床巷。小巷四处有羽毛装饰。羽毛床巷中有座米切尔大厦，大厦的底层就是印刷博物馆。这座房子以其设计者沃尔特·米切尔的名字命名，他在17世纪20年代建造了这座房子。大厦的高层是圣乔治历史学会博物馆。不过这里并不是1784年百慕大成立第一个印刷厂的地方。

1784年，约瑟夫·斯托克代尔（Joseph Stockdale，1750—1814）在自己家的地下室建成了一个印刷工作室，印刷发行《百慕大公报》，开启了百慕大的新闻印刷史。斯托克代尔当时的家并不在羽毛床巷，而是在距这里不远的印刷工巷，现在是一所私人住宅。斯托克代尔去世后，他的继承人继续经营斯托克代尔家的印刷业务，直到他们搬到百慕大的哈密尔顿。1815年，新兴城市哈密尔顿取代圣乔治成为百慕大的首都。据说，当时圣乔治的民众非常反对首都搬迁及出于商业目的的迁都。他们向《百慕大公报》请愿，并抵制订阅报纸，导致该报暂时关闭。

1828年《百慕大公报》被重组为百慕大《皇家公报》。这是百慕大唯一的日报，报道最新的本地和海外新闻。该报每周一至周六发行，周日和假日除外。另外，该报还发行一系列杂志。网站为西班牙语。然而，这份百慕大唯一的日报从未在圣乔治镇印刷或出版，而是在哈密尔顿。

纪念 1784 年，约瑟夫·斯托克代尔在自己
家的地下室印刷《百慕大公报》的邮票

羽毛床巷中的印刷博物馆

1922 年，百慕大政府旅游部创建并负责运营在羽毛床巷中的印刷博物馆。馆内的谷登堡式印刷机是从当地一家印刷厂获得的，馆内还展示了早期《百慕大公报》的复制品。

53　海地视角下的中国古代四大发明

海地共和国简称海地，是位于加勒比海北部的一个岛国。1492 年哥伦布到达海地岛，1502 年被西班牙据为殖民地，1697 年该岛西部被割让给法国，称法属圣多明各。1804 年 1 月 1 日法属圣多明各宣告独立，成立海地共和国。这是拉丁美洲第一个独立的共和国，也是世界上第一个黑人独立国。

海地是世界上最不发达的国家之一。因此，印刷术及印刷业起步都很晚。海地 1803 年 11 月正式公布《独立宣言》，1804 年 1 月 1 日宣布摆脱法国殖民统治，成立共和国。然而，当时的海地本国连印刷《独立宣言》小册子的能力都没有。海地独立运动领导人发表宣言后不久致信时任牙买加总督的英国人乔治·纽金特，请他帮助印刷《独立宣言》。

1999 年，为纪念万国邮政联盟成立 125 周年，海地印刷发行了中法双语的《中国四大发明邮票》小全张。不知道这套邮品的图画是由谁设计绘制的，画面十分精美，而且内涵十分丰富。整个票面呈明黄色系，底纹为海浪，寓意海上交流。四大发明邮票的上方为一条长龙，龙身五彩缤纷，龙尾到龙头为一条时间长轴，寓意中华文明有5000年历史。龙身被分成彩色小格，每一格代表中国的一个历史朝代，从夏朝一直到中华人民共和国。中华龙的下方，依顺序排列着四大发明的邮票。具体排序为：印刷、造纸、火药、罗盘（指南针）。

其中，印刷术邮票的构图也独具匠心，小小的画面由上、下两个部分组成。上半部分代表了中国发明的雕版印刷术。左上角第一行文字为英文：FIRST PRINTING 8TH CENTURY AD.（第一次印刷于8世纪。）下方是竖排的中文"印刷"二字和横排的法文"L'IMPRIMERIE"（印刷）。两行字解释了中国于8世纪发明了印刷术。中间两行文字介绍了世界上现存最早（最早有明确纪年）的印刷品为868年出土于中国甘肃敦煌藏经洞的《金刚经》，整个画面的上部底图就出自这一版《金刚经》。其实，它并不是世界上最早的印刷品，但唐刻咸通九年（868）本《金刚经》在世界印刷史上占了极重要的地位，其最大价值就是印在卷末的"咸通九年"这几个字，证明了这版《金刚经》是世界印刷史上现存最早的、有确切题款纪年的雕版印刷品。构图的下半部分代表了中国发明的活字印刷术。一块活字版占据了画面的主要位置。活字版的右上方，有一页正在揭开的印页，其上隐约可以看清文字，为《史记

1999 年，海地发行的中法双语《中国四大发明邮票》小全张

集解序》。甚至还能辨清作者裴骃的名字。右下方标注：
MOVABLE TYPE 11TH CENTURY AD.（11 世纪的活字印刷
术。）

　　这样小小的邮票将中国印刷发展史上的两大里程
碑——雕版和活字都囊括了，而且构思巧妙、组合合理。
更妙的是，第一张邮票中活字版上书页的一角，看似不经
意地搭进了第二张造纸术邮票中，阐释了造纸术对印刷术
的重要贡献。没有想到，海地设计的邮票将中国的四大发
明诠释得如此准确！可以说集知识性、艺术性和趣味性于
方寸之间。

54 格林纳达的迪士尼卡通印刷邮票

　　格林纳达和美国迪士尼看上去毫不相干，是怎么扯上关系的呢？

　　格林纳达位于东加勒比海向风群岛的最南端。1498年，在哥伦布第三次发现新大陆的航行中，他发现了这座岛屿。1609年，英国人试图在这里建立据点，但因被岛上的加勒比人英勇抵抗而以失败告终。之后法国人与加勒比人为了争夺这座岛屿的控制权而展开了战争，1651年，在北格林纳达发生了最后的冲突。在该岛北端的索特尔山上，加勒比人因不愿意接受欧洲殖民者以欺骗手段向加勒比人的首领"购买"该岛，最终被迫在该岛北端的索特尔山上集体投崖自尽了。从此，这座岛屿被欧洲人占领。在之后的一个世纪，欧洲列强间展开了争夺格林纳达政权的斗争，英法两国轮流交替统治着这座岛屿。1783年，根据《凡尔赛条约》，该岛沦为英国殖民地。

1967年，格林纳达取得英联邦"内部自治"地位。格林纳达于1974年完全独立。

1989年，格林纳达发行了迪士尼公司设计的动画人物富兰克林邮票

从 20 世纪 70 年代开始，迪士尼公司授权美国的政府间集邮公司（Inter Governmental Philatelic Corporation，简称 IGPC）负责策划迪士尼卡通邮票的设计和印制，并协助有关国家（地区）的邮政部门推广发行。这些邮票原稿均由迪士尼公司的专业团队设计，每枚邮票上都印有迪士尼公司的版权标记。邮票题材包罗万象、琳琅满目。迄今已有近 40 个国家（地区）发行了数千枚迪士尼卡通邮票，蔚为大观，成为世界热门的集邮专题之一。

1989 年，为庆祝世界邮票博览会召开，格林纳达发行了这套有趣的邮票。全套邮票共 7 枚，以纪念迪士尼于 1953 年制作上映的动画短片《本和我》。这部动画片改编自 1939 年由作家、插画家罗伯特·劳森（Robert Lawson，1892—1957）所著的同名儿童读物，讲述了老鼠阿莫斯的故事。他帮助本杰明·富兰克林（Benjamin Franklin，1706—1790）完成了一系列重要的工作，包括发明印刷机和印刷创办《宾夕法尼亚公报》。这张邮票中除了有一台谷登堡式平压平印刷机，还有两个富兰克林的卡通形象，其中一个富兰克林正在操作印刷机，另一个位于右下角，是富兰克林为印刷机的改进陷入思考。富兰克林是美国的政治家、物理学家，大陆会议代表及《独立宣言》的起草和签署人之一，美国开国元勋之一。他被誉为史上最成功的印刷工。关于他和他不朽的印刷事业在后面会有专门的一节详细介绍。普遍认为，是他在美国制作出了第一台印刷纸币的铜版印刷机。由于富兰克林深受美国人民爱戴，因此，作家和迪士尼都为他创作了卡通形象，用这种妙趣横生、令人忍俊不禁的形式，表达对他的崇敬和喜爱之情。

55　发明新闻纸的加拿大人

加拿大原来是印第安人与因纽特人的居住地。17世纪初叶起，加拿大沦为法、英殖民地。1763年被英国独占，1867年成立联邦制的加拿大自治领，1926年独立。

在世界发明史上，中国有四大发明，美国有汽车、飞机、灯泡等，加拿大在发明圈的存在感相对较低。事实上，加拿大也有一些很有意义的发明，比如寻呼机、自拍杆等。对于印刷技术的进步，加拿大的发明家也做出了贡献。其中，查尔斯·费内蒂（Charles Fenerty，1821—1892）便是最为杰出的代表之一，他于1844年发明了机械木纤维造纸技术。

纸是中国人发明的，这个是妇孺皆知的史实。在蔡伦的时代，造纸原材料包括破布、树皮和麻头等。此后，中国的造纸原材料不断拓展，至唐宋时期已经可以用竹、藤、草等植物了。自8世纪，造纸术向西传播，由于中亚地区

气候条件所限，原材料也有限，大多数的纸都是由大麻或亚麻制成，也有从破布、麻绳中提取。13 世纪欧洲开始兴起造纸术之后，欧洲人多认为纸是用棉制成的，欧洲的纸长时间都以破布为原材料。造纸商会从破布商人

查尔斯·费内蒂

那里买来脏的衣服和内衣裤做原材料。造纸商似乎嫌脏衣服不够臭，还曾经用氨水来分解破布的纤维。因为那个时代的人以为尿液中富含氨水，于是市镇中也常见收集尿液的人走来走去。纸浆经过多次清洗后，异味就会散去，但造纸厂却依旧臭气熏天。纸张在文艺复兴时期成为欧洲人生活的必需品。因此一个时期内，欧洲各国为了争夺破布资源"打得头破血流"。在 14 世纪末期，意大利的法布里亚诺禁止向本地区外出售破布，随后意大利的其他地区也通过了类似的法律规定。德国、法国等造纸工业发达的国家也纷纷效仿，做出相关的规定。尽管如此，旧布仍然不足以满足造纸需求，因此必须找到一种新的造纸原材料替代品。许多人开始尝试以不同的方法来生产新型纸张。

费内蒂原是一名伐木工人，1821 年出生于加拿大新斯科舍省。在 1838 年左右，费内蒂开始尝试使用木纤维造纸。历经 6 年，他在 1844 年发明出一种以机械木浆为

材质的纸张，将其命名为新闻纸，又称白报纸。这种纸张轻薄而有韧性，能承受高速轮转机的印刷强度，但同时又不易透光，油墨吸附性好，最重要的是造价低廉，尤其可以满足报纸业大量的用纸需求，因此一经发明就被加拿大的一家主流报纸所采用，后迅速推广开来。

新闻纸促进了报纸的传播，却为报纸的保存带来了不大不小的麻烦。普通人家看完报纸多会丢弃或回收，但对于报社和历史研究者来说，旧报纸是一座资源丰富的宝藏。然而以机械木浆为原材料的新闻纸，因为含有木质素和其他杂质，不宜长期存放。纤维素与空气接触时间过长会让报纸发黄，含铅的油墨在遇到潮湿空气后容易变得模糊不清，保管不善又很容易发霉。所以报纸保管库房一般都设置严格的温度和湿度，避免光线直射，对重要的报纸必须保存多份作为典藏。为防止报纸在火灾、水灾中受损，有时还会在距离报社和档案馆几百公里以外存放一套副本。在当代，扫描老报纸进行数据化保管，也是一个必不可少的文化遗产保护方式。

56　发明空调本是为了印刷厂

很多怕热的人，一到夏天就想"感谢空调的续命之恩"。但实际上，他们应该感谢空调的发明人威利斯·哈维兰德·开利（Willis Haviland Carrier，1876—1950）。此外，他们应该感谢印刷术，感谢它除了能传播知识，还能激发出如此清凉的发明。

众所周知，空调发明于 1902 年。但当时的人们并没有想到会有空调这样的"神器"来提高生活舒适度。那年夏天，因为天气格外湿热，美国纽约布鲁克林的一家印刷厂很受困扰。由于受湿热空气的影响，油墨长时间干不了，纸张也因为温度伸缩不定，印刷的产品模糊不清。对于现代印刷厂而言，温、湿度对印品质量的影响非常大。所以印刷厂请专门制作暖气机、风箱及排风机的水牛城锻造公司为其设计一个可以控制温度和湿度的系统。

水牛城锻造公司研发部的开利接受了这项任务，踏上了发明空调之路。他发现，充满蒸汽的管道可以将周围的空气变暖，那同样的道理，如果将蒸汽换成冷水，使空气吹过冷却管，周围的空气不就可以变凉了吗？潮湿空气中的水分凝结后，不就剩下又冷又干的空气了吗？这不是正好可以解决印刷厂空气湿热的问题吗？他根据温度表，精确算出了印刷需要的温度和湿度，发明了"空气处理仪"。他让热空气凝结成水，再集中排出，使空气中的湿度稳定在 55%，成功解决了印刷厂的难题。

开利对温度、湿度和露点进行不懈的研究，并于 1911 年在美国机械工程师学会上公开了"焓湿图"公式。该公式成为空调行业的计算标准和根本依据，被广泛用于

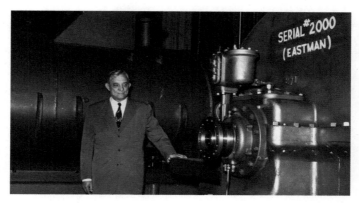

威利斯·哈
维兰德·开
利

胶片、烟草、食品、制药、纺织等生产工业空气温、湿度
的控制上。

　　1915 年，开利和其他 6 位工程师合资在新泽西州成立
了开利工程公司，这便是开利空调的前身。公司一直致力
于研发空调技术，并研究空调的商业价值。1921 年，开利
发明了第一台离心式冷水机组适用于大型空间的制冷，并
在同年获得专利。1924 年，他成功地将空调从单一的工业
使用运用于民用上。1928 年，开利公司生产的家用空调面
向市场。今天，开利公司已发展成为一家全球性企业。

57　应用照像术制印版

　　图像分为连续调和半色调。连续调指的是图像的基本
元素（像素）自身含有颜色的深浅、明亮的连续变化。半

色调是相对于连续调的概念，指图像自身的基本元素只有有色、无色两种状态。例如电脑显示器、电视等设备上看到的图像一般是连续调图像，通过传统的洗相技术输出的照片也是连续调的，然而用油墨通过印刷机印刷出来的图片，是基于半色调的原理。

照相技术的发明令人兴奋，人们都能看到连续调的逼真画面。但在印刷领域，19世纪70年代之前，要想在报纸上印刷出一张图像，需要雕刻师先将图像雕刻到钢板上，再印刷出来，因此整个印刷过程非常耗时，且印刷成本昂贵。如何将摄影技术应用于印刷业，印刷出肉眼看上去像连续调的图像，成为那个时代多个领域的学者共同研究的课题。

19世纪至20世纪，照相制版的发展和应用对图形艺术的发展做出了重要贡献。在照相制版技术史上，包括斯

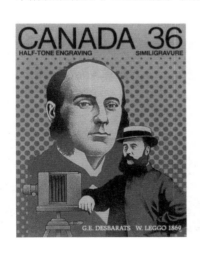

蒂芬·霍根、弗雷德里克·E.艾维斯、乔治·迈森巴赫、贾菲兄弟和麦克斯·利维等许多国家的发明家都对半色调印刷工艺有所贡献。加拿大的乔治·爱德华·德斯巴拉茨（George Edward Desbarats，1838—

乔治·爱德华·德斯巴拉茨和威廉·奥古斯都·莱格

1893）和威廉·奥古斯都·莱格（William Augustus Leggo，1830—1915）的名字虽然鲜有人知，但他们在半色调照相凹版制版的成就也值得被人们铭记。

1987年，加拿大在国庆日发行了发明家纪念邮票，票图上有乔治·爱德华·德斯巴拉茨和威廉·莱格这两位科学家的形象和名字，以及"1869"字样。票图中的照相机和背景中从小到大的网点，是为了纪念他们对半色调照相凹版技术做出的贡献。

威廉·莱格和他的搭档乔治·德斯巴拉茨都是石版画家。1865年，他们发明了半色调铜版照相制版法，并申请了专利。他们将半色调阳图底片在涂有感光层的铜版上曝光，经冲洗后腐蚀得到凹版。1869年10月30日的《加拿大画报》（Weekly Canadian Illustrated News）上发表了他们制作的亚瑟王子的浮雕半色调像。也是在1869年，他们为其半色调照相处理技术，即"颗粒摄影"申请了专利，该技术便是通过照相加网的方法创建半色调。威廉·莱格和乔治·德斯巴拉茨于1873年移居纽约，创办了《每日画报》（The Daily Graphic），并于1873年12月2日在《每日画报》上印刷发表了第一张半色调印刷图片。

58　美国第一台印刷机

美国的第一台印刷机是木质手扳平压平印刷机，它隶属于美国哈佛大学，但现在印刷机已经不知所终，仅存照片。它的背后，有着美国印刷业初创的故事，还关联着哈佛大学艰难创建的传奇。由它印制的书籍，更是一时创下拍卖史上的新高，被誉为"世界上最贵的印刷书籍"。

1638 年，一艘名为"伦敦的约翰"的船抵达美国马萨诸塞州的剑桥市。船上的乘客中有斯蒂芬·戴（Stephen Daye）、他的妻子、两个儿子、继子和三个仆人，还有约瑟夫·格洛弗牧师和他的妻子及孩子们。除了家人和私人物品，格洛弗还带来了一台印刷机和配套的白纸及铅活字。他打算用这台印刷机为马萨诸塞海湾殖民地印刷宗教书籍。但格洛弗尚未到达美国就去世了，他的妻子被迫接管了印刷的任务。她将安装印刷机和印刷出版的任务分配给了戴。戴其实是一名锁匠，而不是印刷匠，但戴却有义务按照格洛弗太太的要求去做，因为他之所以能到达美国就是从格洛弗牧师那里借来的钱。

尽管戴没有印刷经验，但他还是在靠近波士顿的哈佛学院建立了北美第一家印刷厂——剑桥印刷厂。这个哈佛学院就是现在的哈佛大学，当然它最初的名字并不是哈佛。为什么将印刷厂设在这里呢？ 1636 年 10 月 28 日，马萨诸塞海湾殖民地议会通过决议，仿照英国剑桥大学筹建一所高等学府，每年拨款 400 英镑；学校初名"新学院"或"新市民学院"。这所在马萨诸塞州的查尔斯河畔建立的新学府，成为美国历史上第一所高等教育机构。哈佛首任院长亨利·邓斯特对这台漂洋过海而来的印刷机非常感兴趣，并且还爱上了格洛弗的太太。他们俩在 1641 年结婚。自然地，这台印刷机就安放在哈佛大学。印刷厂的具体事务就由戴打理。1639 年，殖民地的居民请求将希伯来语的《诗篇》重新翻译，以便殖民地的教堂使用。理查德·马瑟是主要的作者和译者之一。这部作品名为 *Bay Psalm Book*，它就是现在闻名世界的《海湾诗篇》，被称为美国本土印刷出版的第一本书。2013 年 11 月 26 日，《海湾诗篇》在美国苏富比拍卖行拍卖。美国的商人、慈善家戴维·鲁宾斯坦购买了这本书，他打算将此书借给美国的各图书馆，让公众也能够看到它。书的售出价为 14165000 美元，创下印刷书籍售价的历史新高，一度成为全球"网红"。

第一版的《海湾诗篇》印刷于 1640 年，此后多次再版。它早期的版本，今天仅存 11 册。如果你认为它是一部精美绝伦的鸿篇巨制，那就错了。这本书很袖珍，宽 12.7 厘米，长 19 厘米，共 296 页。此外，由于铅活字印刷的特点，书中存在不少的活字排字错误，透着质朴的味道。但是瑕不掩瑜，它就是那么昂贵！

1939 年发行的美国第一台印刷机纪念邮票。邮票为手工雕刻凹版印刷，面值 3 美分。上部标注：殖民时期的美国印刷 300 年纪念。下方注明：斯蒂芬·戴印刷机

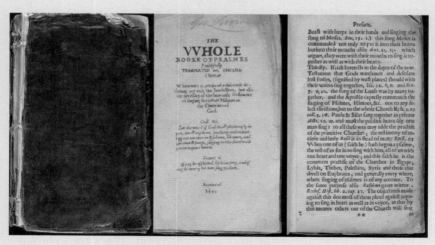

《海湾诗篇》小牛皮封面、书名页和内页。美国国会图书馆藏

59 100 美元上的印刷匠

100 美元上印的是谁？为何享有如此殊荣？他就是本杰明·富兰克林（Benjamin Franklin，1706—1790）。

1706 年 1 月 17 日，本杰明·富兰克林出生于美国波士顿，他是肥皂作坊主若西亚·富兰克林的小儿子。在家里，他的昵称叫 Benny（本尼）。小时候的富兰克林喜爱读书——爱读书确实是所有成功人士都具备的基本特质。12 岁时他开始跟随哥哥詹姆斯学习印刷。加入印刷业的最大好处就是富兰克林可以在第一时间读到许多新书，并且能够接触到有思想的作家们。1723 年，17 岁的富兰克林来到了费城。凭着自己的学识和工作经验，他在塞缪尔·凯默的印刷所当上了印刷工助理，后被派到英国学习印刷技术。20 岁时，富兰克林返回费城。两年后，富兰克林和另一名学徒休·梅瑞狄思一起创办了自己的印刷所。1729 年，他收购了费城第一份报纸《宾夕法尼亚报》，随后，这份报纸成为各殖民地阅读最广泛的报纸。

美国钞票 100 美元，其上人物是"印刷匠"富兰克林

随着报纸在费城的影响力的扩大，富兰克林逐渐成为意见领袖，开始步入政坛。在他30岁的时候，他被任命为宾夕法尼亚议会秘书，这个职位不仅促进了他和各个议员的联系，还可以使他承印政府相关的书刊，从此，他印刷所的业务源源不断。在他们的出版物中还包括美国第一本医学专著和第一部小说。同时他们还负责印刷当地的纸币。

　　1773年的波士顿倾茶事件不仅是美国独立战争的导火索，也改变了富兰克林的人生。这一年，已是67岁高龄的他远渡重洋到英国向英国国王进行请愿，谈判破裂之后，1775年，富兰克林回到北美，1776年协助起草了《独立宣言》，成了美国的开国元勋之一。富兰克林一生成就非凡，成为无数人的偶像，他的头衔有很多：政治家、出版商、印刷商、记者、作家、慈善家、外交家、发明家。但是他最喜欢的自我描述却是"本杰明·富兰克林，印刷商"。所以，按照他自己的意愿，他的墓碑上只有简单的一句话：印刷工富兰克林。但历史不会忘记他，

他被印刷在美国面值最大的印刷品上，这是美国人民对他所做贡献的至高褒奖。

1973年，美国独立200周年纪念邮票:《殖民地时期的印刷出版》。画面中，工人正在操作木质手扳架印刷机，美国的"开国元勋们"正在查看印刷品

美国印刷业更是将他铭记。1950 年美国印刷工业协会创办"美国印制大奖"。这是全球印刷行业最权威、最具影响的全球印刷大奖。其最高荣誉 Benny Award 金奖就是以富兰克林的昵称命名的最高荣誉奖项，被喻为全球印刷界的"奥斯卡"。至 2019 年，中国印刷业的总产值已经位列世界第二，成为名副其实的世界印刷大国。中国的印刷企业也在这项全球赛事中频频夺冠，让发源于中国的印刷术在国际舞台上赢回了世界的认可和尊重。

60 "整行活字"铸排机的发明

奥特马尔·默根特勒（Ottmar Mergenthaler，1854—1899）出生于德国。他的第一份工作是钟表修理工。1872 年，他移民到美国的巴尔的摩市，在一家机械加工厂工作。在那里他遇到了詹姆斯·克莱芬——一位知名的速记员，曾参与打字机的开发。打字机虽然实现了把手写稿直接转换为活字印本，但打字机只能打出一份，克莱芬希望默根特勒能找到更好的方法来实现批量复制文字。

"十年磨一剑。"默根特勒花了 10 年时间，研制成功第一台字模铸排机，之后又推出能够一次完整铸造一整行铅字的铸排机。一开始，默根特勒发明的机器被称为

"鼓风机"（Blower）。1886 年，默根特勒向纽约论坛报社展示了他的铸排机，出版商怀特·劳·瑞德雀跃地说道："奥特马尔，您的机器铸造出来了整行活字（Line of type）！"瑞德的这句发自内心的赞叹给予了默根特勒信心，成了默根特勒后来成立的公司的标语，也成了关于莱诺铸排机（Linotype）传奇故事的开头。

1890 年，默根特勒·莱诺（Mergenthaler Linotype）公司在美国纽约布鲁克林成立，很快公司将其铸排机实现了全球化。

这对用字母文字的国家和地区来说确实是非常了不起的发明，因为这款铸排机是全自动的。"铅与火"的排版过程不再火光冲天：排字员在一个拥有 90 个字符的键盘上输入文本，排字机就会把每一行输入的字符的凹（阴）字模组成一个整体，再经过熔铅铸字环节，一行文本即被铸造成完整的一行铅字条，而那些拣选出来的字模在铸字后还能逐字返回排字机的存字匣，等待下一次的调用。排字员

OTTMAR MERGENTHALER (1854-1899) Linotype

奥特马尔·默根特勒

只负责在键盘前打字，其他的工作全部由机械自动完成，从拣字、拼模、铸造到字模再分拣都无须旁人协助。由于机器没有退格键，如果打错了一个字，就需要随便用什么字符填满这一行，再将铸造出的模具丢回去融化重铸，并不浪费，且效率更高。当时顶级的排字员的录入速度每分钟 30—40 个英文单词。最重要的是，来诺铸排机节省了大量的工期和人工费用。

因此，莱诺铸排机在西文世界引发了排版革命，尤其是在新闻报纸出版领域。铸排机承担了报纸这种对时间要求非常高的印刷品的选字和排字工作，使手工排字成为历史。铸排机一直应用到 20 世纪 80 年代，直至照排机的出现。据该公司制作的长达 80 分钟的纪录片《莱诺排字》（*Linotype*）介绍，这项发明被爱迪生称为"世界第八大奇迹"。要知道在 1884 年发明莱诺铸排机之前，世界上没有任何报纸的版面超过八版。

这里要划个重点：这项伟大的发明对西文世界影响巨大，但是它对汉字印刷几乎没有影响。

铅活字印刷技术被历史淘汰之后，莱诺公司发展成为全球图像平面西文字体的超级企业。当代，莱诺公司拥有一个世界上最大的字体库，提供超过 10500 种优秀的西文字体。2006 年 8 月 2 日，莱诺公司被蒙纳公司收购。即便是网络时代的今天，许多重要的和国际上有影响力的文字依然使用莱诺字体库。

61 半色调玻璃网屏加网术的发明

弗雷德里克·尤金·艾夫斯（Frederic Eugene Ives，1856—1937）的传奇生涯是从在美国纽约的一家印刷厂当学徒开始的。经过两年的印刷技艺学习，1875年他开始管理康奈尔大学摄影实验室。在这里，他用了差不多10年的时间尝试发明新的摄影技术，并研究照相机和印刷机。艾夫斯并不是第一个尝试半色调印刷技术的人。他的目标是将摄影图像的中间色调自动地转换成足够小的黑白线条或点，并且，与其他半色调技术相比，效果要更细腻，效率要更高。1881年，25岁的艾夫斯对印刷技术的创新有了自己的思路，他将半色调玻璃网屏技术申请了专利，并改进了它。

艾夫斯的半色调印刷法的核心是将照片分解成一系列微小的点，就是印刷业内所说的"网点"。网点是印刷图像的"细胞"。印刷出来的图像其实就是一个个微小点的集合。但人从正常的距离看，点混合在一起，肉眼可自动创建一张由不同灰度构建的图片。半色调玻璃网屏技术是将要复制的图像放置在玻璃丝网后面，玻璃丝网上刻有细黑线，按下快门后，最终将照片分割成数千个大小不同的点。艾夫斯发明的半色调玻璃网屏技术，其原理直到现在还在胶印机和激光打印机中运用。

不过，印刷概念中的网点按照形状来划分，可以分为

方形、圆形、菱形三种。方形网点对层次的表现能力很强，适合线条、图形和一些硬调画面的表现。圆形网点比较柔和，但对色彩层次的表

现能力较差。菱形网点色彩过渡自然，适合一般图像、照片的表现。此外，按照其作用原理来划分，印刷概念中的网点可分成以下两种类型：1.调频网点，主要是以印刷网点的疏密来决定印制品图案的色彩和层次。网点的大小保持不变，可以改变网点密集程度来调节图案的层次感。网点排列密集，图像密度比较大，反之，图像的密度比较小。2.调幅网点，它与调频网点是不同的两种网点，调幅网点排列的疏密不会影响其图案的色彩和层次，点与点之间的距离是固定不变的。它主要受网点大小的影响，对应原稿色调深的部位，印刷品上的网点面积大，原稿色调浅的位置，印刷品上网点面积就比较小。

　　发明半色调玻璃网屏技术不久之后，艾夫斯又发明了一种彩色半色调处理方法，其中通过三个屏幕对彩色图像进行拍照，每个屏幕都分离出特定的原色。然后将图像叠加使色彩再现。他还

在彩色和立体摄影方面做了大量工作，模拟了三维图像，包括几幅早期的三维电影短片。他一生在摄影和彩色印刷方面取得了 70 项专利。"老子英雄儿好汉。"他的儿子赫伯特·尤金·艾夫斯延续了他的传奇，成为彩色电视和传真传输系统领域的领军人物。

62　爱迪生不仅发明了灯泡还发明了印刷机

漏版印花在中国古代很早就有应用。甘肃敦煌藏经洞就出土过唐代的针刺漏印版画。19 世纪末 20 世纪初，在西学东渐的大潮中，新的漏版印刷工艺传入中国。这种新工艺是在涂蜡的纸上刻画或者腐蚀出图文的漏孔，再刮上油墨刷印，它就是油印。

油印技术被历史淘汰的时间还不算太久，当代很多人的记忆里都有它的身影。20 世纪 70 年代至 80 年代，它被广泛应用于小批量的印刷业务中，比如学校试卷、机关文件等。油印实际上有三种工艺：第一种是用铁笔写字，笔尖划掉纸基上的蜡层，形成微孔，再进行油印，这种工艺被称为"铁笔蜡纸油印"；第二种是用毛笔蘸稀酸，绘写于涂有胶膜的纸基上，蚀去胶膜，露出纤维微孔，然后进行油印，这种工艺被称为"真笔版"；第三种是用打字的方式，将字盘上的铅活字弹出，锤击纸基蜡层，形成微孔，然后油印，这种工艺被称为"打字蜡纸油印"。真笔版仅在中国和日本有过短暂的应用，打字蜡纸油印在历史长河中也仅是昙花一现。这三种工艺中，最为大众熟悉的就是铁笔蜡纸油印，也被称为誊写版印刷。它就是由托马斯·阿尔瓦·爱迪生（Thomas Alva Edison，1847—1931）发明的。对！就是那个全世界都知道的、发明灯泡的、伟大的爱迪生所发明的。而且，爱迪生并不仅仅发明了油印机，他还发明了"爱迪生普用印刷机"。

爱迪生是举世闻名的美国电学家和发明家，他除了在留声机、电灯、电话、电报、电影等方面的发明和贡献，在矿业、建筑业等领域也有不少著名的创造和真知灼见。爱迪生一生共获得1000多项发明专利，为人类的文明和进步做出了巨大的贡献。爱迪生人生的"第一桶金"，可以说就是从发明印刷机中获取的。1869年6月初，他来到纽约寻找工作。他在一家经纪人办公室等候召见时，恰巧那里的一台电报机坏了。爱迪生很快就修好了这台电报机，

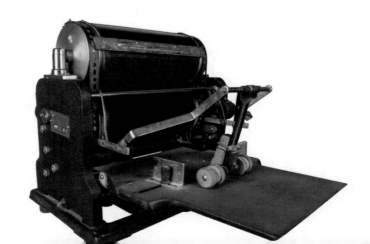

电动油印机

于是他谋得了一个比他预期的更好的工作。同年 10 月，他与波普一起成立波普－爱迪生公司，专门经营电气工程的科学仪器。在这里，他发明了"爱迪生普用印刷机"。这是一台电气式小幅面印刷机，他把这台印刷机的专利出售给华尔街一家大公司的经理，本想索价 5000 美元，但又缺乏勇气说出口来。于是他让经理出价，没想到经理给了爱迪生 4 万美元。拿着这笔"巨款"，他在新泽西州的纽瓦克市自设制造厂，从此，他的发明创造如虎添翼。

蜡纸，是用石蜡或其他蜡进行浸渍或表面处理的中性纸，在 19 世纪被普遍用作糖果、面包等食品的包装材料。爱迪生率先尝试在蜡纸上刻出文字轮廓，制成一张石蜡刻字纸版，再在纸版下垫上白纸，用墨水滚轮从刻字的石蜡纸上滚一滚，奇妙的事情发生了，白纸上出现了清楚的字迹。然后，爱迪生把铁笔与马达配合起来，通过控制马达来使铁笔在纸上刻画，制成油印机。1876 年 8 月 8 日，爱迪生获得了蜡纸油印机专利，经过多次的改良试验，爱迪生开始量产他发明的油印机。后来，机关单位、学校、事业单位、团体都开始采用这种蜡纸油印机。

在激光和喷墨印刷出现之前，如果你只需要几份文件副本，可以使用复写纸手抄；如果你需要数千份文件副本，可以交给铅印机或者胶印机；但是如果你需要几十份或者几百份文件副本，油印就是最好的选择。

63　西半球最早的印刷书

墨西哥有着悠久的历史，是闻名世界的古代奥尔梅克文化、托尔特克文化、阿兹特克文化中心，古代玛雅文化中心之一。

墨西哥也是拉丁美洲印刷业的摇篮。印刷机发明不到1个世纪就进入北美洲大陆，而当时，那里被称为"新世界""新大陆"，刚刚被欧洲人哥伦布发现还不到50年的时间。创造出这样惊人的历史的人物主要有两位：一位是墨西哥印刷业的主导者——安东尼奥·德·门多萨（Antonio de Mendoza，1490—1552），"新西班牙"（墨西哥）第一任总督；一位是墨西哥印刷业的践行者——胡安·帕布罗斯（Juan Pablos，？—1561），第一位墨西哥印刷商。

门多萨倡导创建当地印刷业的动机，是希望尽快在墨西哥印刷出版当地语言文字的宗教印刷品，方便传播基督教。西班牙塞维利亚的印刷家克伦贝格尔得到了门多萨给出的第一份印刷委托业务，用墨西哥的纳瓦特尔语印刷一份《教义问答》。由于熟练的排字工匠不认识纳瓦特尔语，无法给活字排版，于是印刷工们建议将这项印刷工作交给懂得纳瓦特尔语的人来完成。因此，克伦贝格尔于1539年6月12日与帕布罗斯签订了一份为期10年的合伙合同，由帕布罗斯去墨西哥开一家印刷厂。合同非常详细而严苛，还规定废旧的铅字要熔化，不能出售，这样就容易实现垄断，不会引来其他印刷商的竞争。1539 年，帕布罗斯带着家人、印刷机、铅活字、纸张、油墨等从西班牙到了墨西哥，开始在古老的阿兹特克首府特诺奇提特兰（即墨西哥城）印刷书籍。

帕布罗斯本是意大利伦巴第的印刷商，他原本有个意大利名字叫 Giovanni Paoli，但这个名字知道的人并不多，他后来更改的西班牙名字被载入了墨西哥史册。有记录表明，帕布罗斯在墨西哥印刷得最早的书是 1539 年《双语简明基督教教义手册》，它被称为西半球第一本印刷的书。遗憾的是，它并没有保存下来。而现存西半球最早的印刷书是 1540 年 12 月 13 日出版的《阿杜托斯手册》，但保存得也并不完整，只是在西班牙托莱多省的一卷杂文献中发现了这本书的最后两页。1560 年，帕布罗斯印刷出版了他最后一部也是最著名的作品《曼努埃尔·萨克拉曼托勒姆》。1561 年帕布罗斯去世。尽管帕布罗斯这个名字在现代新大陆的英语国家很少有人知道，但他确实有资格跻身推动美洲文明发展的先驱之列。

1939 年，墨西哥发行的纪念墨西哥印刷 400 年邮票：胡安·帕布罗斯

1939 年，墨西哥发行的纪念墨西哥印刷 400 年邮票：安东尼奥·德·门多萨

1939 年，墨西哥发行的纪念墨西哥印刷 400 年邮票：1539 年墨西哥最早成立的印刷社

64   洪都拉斯元首开创的印刷业

洪都拉斯共和国简称洪都拉斯，是中美洲的一个多山国家。4—7 世纪，洪都拉斯西部为玛雅文明中心之一。1502 年哥伦布到达洪都拉斯的海湾群岛，洪都拉斯开始与欧洲接触。1524 年洪都拉斯沦为西班牙殖民地。1539 年，洪都拉斯划归危地马拉都督府管辖。洪都拉斯于 1821 年 9 月 15 日宣布独立，但 1822 年被并入墨西哥伊图尔维德帝国。1823 年加入中美洲联邦，1838 年 10 月退出中美洲联邦，成立共和国。

尽管西班牙长期从洪都拉斯攫取大量的财富，但西班牙政府很少利用这些财富来促进洪都拉斯的发展。1821 年宣布独立时，洪都拉斯没有印刷厂、没有报纸，甚至还没有大学。这样落后的面貌直到洪都拉斯的一位民族英雄横空出世才得以改变。他的全名叫何塞·弗朗西斯科·莫拉桑·奎萨达（José Francisco Morazán Quezada，1792—1842），是洪都拉斯将军、政治家，中美洲联邦共和国总统（1830—1839）。令人称奇的是，他还曾分别担任过洪都拉斯、危地马拉、萨尔瓦多和哥斯达黎加的国家元首。

莫拉桑出生于洪都拉斯特古西加尔巴的一户科西嘉贵族移民家庭。1821 年，中美洲宣布自西班牙统治下独立的时候，莫拉桑正担任特古西加尔巴市长的助理。1824

年，其叔父狄奥尼西奥·德·埃雷拉建立独立的洪都拉斯共和国，莫拉桑被任命为共和国政府秘书长。1827 年 11 月 27 日，莫拉桑占领科马亚瓜，宣布自己成为洪都拉斯的统治者。不久，他又率军驱逐了萨尔瓦多境内的阿尔塞势力，成了萨尔瓦多的统治者。

1829 年，当时担任危地马拉将军的莫拉桑有着敏锐的新闻媒体意识，他懂得印刷的意义，所以他将印刷机带到洪都拉斯，建立了洪都拉斯第一个印刷厂。这个印刷厂于 1830 年开始出版政府公报，控制了新闻报纸就等于掌控了舆论，该报成为官方"喉舌"，每周一期，向民众散发公告和信息。同年，莫拉桑当选为新一任的中美洲总统。当政后，莫拉桑实行了一系列的改革措施，如政教分离、言论自由等，并放逐了所有不与新政权合作的神职人员。1831 年，洪都拉斯又一张报纸 *The Beam* 诞生了，但发行时间很短。

莫拉桑 1842 年去世，死后被洪都拉斯和萨尔瓦多奉为民族英雄，两国各有一个省以其名字命名，即洪都拉斯的弗朗西斯科·莫拉桑省和萨尔瓦多的莫拉桑省。他也作为洪都拉斯引进印刷术的第一人而被载入史册。

第五章

南美洲印刷历史故事

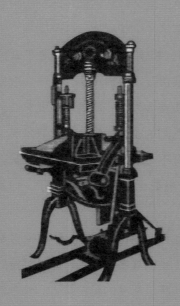

南美洲是南亚美利加洲的简称。印第安人是南美洲的最早开拓者，在欧洲的殖民者到达这里之前，这里是印加帝国。今天的南美洲只有 12 个独立国家和法属圭亚那等地区。本章共涉及其中 7 个国家的 7 个印刷历史小故事，这 7 个国家分别是：阿根廷、巴西、哥伦比亚、苏里南、乌拉圭、委内瑞拉、智利。

65　阿根廷印刷发展小史

　　阿根廷共和国简称阿根廷，是由23个省和联邦首都（布宜诺斯艾利斯）组成的总统制联邦共和制国家，位于南美洲东南部。16世纪前它的居民为土著印第安人，16世纪中叶阿根廷沦为西班牙殖民地，1816年7月9日独立，1860年定名为阿根廷共和国。

　　被西班牙殖民时期，阿根廷的印刷出版业受政府和教会管制。当局禁止开设图书馆和书店，严禁非天主教书籍入境。1556年和1560年，菲利普二世曾两次禁止任何有关南美洲的书籍未经授权出版。天主教会则负责对特许出版物进行事先审查。殖民地第一次印刷的报纸是1801年4月1日在布宜诺斯艾利斯出版的西班牙文《商业邮报》。印刷所的老板卡贝友从总督那里获得了该报的印刷发行特许状。

　　西班牙对阿根廷殖民末期，地下出版物日益增多。启蒙思想家伏尔泰、孟德斯鸠和卢梭等人的著作、报告以及法国大革命期间的私人书信等，纷纷从布宜诺斯艾利斯港口流入。茶馆、酒肆等各种聚会场所里都开始热烈讨论欧洲的革命。由于走私的进步书籍数量惊人，1799年8月17日，总督勒令查封来自欧洲和北美的"非法印刷品"。他们对"非法印刷品"的定义，或是那些报道了欧洲的起义和革命，或是刊登了污蔑西班牙帝国的"虚假事实"。

MINISTERIO DE COMUNICACIONES

CORREOS Y TELECOMUNICACIONES

1850   1950

EXPOSICION FILATELICA
INTERNACIONAL
REPUBLICA ARGENTINA
AÑO DEL LIBERTADOR GENERAL SAN MARTIN

1950 年，阿根廷发行的印刷技术邮票，票面分别是绘画原稿、雕刻印版、凹版印刷

尽管如此，当局授权出版的合法书报也日益成为宣传和组织革命的工具。《商业邮报》主编曼努埃尔·贝尔格拉诺就是革命先锋。他甚至把自己的家作为革命的根据地。1810 年，贝尔格拉诺向当局谎称商讨《商业邮报》的出版问题，暗中召集布宜诺斯艾利斯的革命者在他家中秘密集会。这次会议组建了"布宜诺斯艾利斯商业委员会"，后来成为独立革命的领导组织。1810 年 5 月 10 日，这里爆发了"五月革命"，成立了拉普拉塔临时政府。5 月 10 日后来成了阿根廷的国庆日。"五月革命"的参与者大都是《商业邮报》秘密组织"布宜诺斯艾利斯商业委员会"的成员。

1810 年 6 月 7 日，临时政府机关报《布宜诺斯艾利斯公报》创办，著名学者马里亚诺·莫雷诺任主笔，每周发行 1 期。该报宣传新闻自由，报道独立战争，解释政府政策。由于当时识字者较少，临时政府下令教堂弥撒结束后，由专人负责当众宣读《布宜诺斯艾利斯公报》内容。《布宜诺斯艾利斯公报》被视为阿根廷第一份现代报纸，因此每年 6 月 7 日被定为阿根廷的记者节。

著名诗人伊拉里奥·阿斯卡苏比（Hilario Ascasubi，1807—1875）是第一位将现代印刷机引进阿根廷萨尔塔市的诗人。阿斯卡苏比出身于商人家庭。12 岁弃学出游，先后到过北美、法国和英国等地。1824 年在萨尔塔市创办一家印刷所，出版《萨尔塔月刊》。次年加入反对罗萨斯的统一派军队。1830 年至 1832 年，他被罗萨斯独裁政权逮捕关押。后来逃亡到乌拉圭的蒙得维的亚，在那里出版《乡村的加乌乔》和《加乌乔哈辛托·谢罗》等报刊。他创作的第一部诗集是《东岸加乌乔哈辛托·谢罗和西蒙·佩尼亚尔瓦的对话》。1853年他在布宜诺斯艾利斯创办报纸《好汉阿尼塞托》。

66 巴西现代印刷业的创建

1500年4月22日，以航海家佩德罗·阿尔瓦雷斯·卡布拉尔为首的葡萄牙船队，意外地抵达了巴西东北部巴伊亚海岸的塞古罗港。这一历史事件被欧洲中心论者认为是"发现了巴西"。然而，1994年巴西出版的中学历史教科书就此提出疑问，认为葡萄牙人不是"发现了巴西"，而是"征服了巴西"。因为在葡萄牙人到来之前，在巴西这块土地上已生活着100万—500万印第安人。当然，殖民者在破坏印第安人文化，使他们充当劳动力的同时，也加速了当地的现代化进程。现代印刷业也伴随着殖民者的征程，走进了巴西。

1808年，拿破仑率领军队占领了葡萄牙。这个看似与巴西无关的历史事件却为巴西带来了现代印刷术。葡萄牙因为被占领，王室迫切需要转移。于是在英国舰队的护卫下，葡萄牙王室转移到巴西南部的沿海城市里约热内卢。那时

巴西著名报人埃内斯托·西蒙斯·达席尔瓦塔斯菲略，他于 1912 年
创办《塔尔德报》（A Tarde），是巴伊亚州创刊时间最长的一家报刊，
同时该报社也是巴西北部和东北部地区最大的一家报社

巴西全国人口仅 300 万，里约热内卢人口约 6 万。在里约
热内卢，因为葡萄牙王室的到来，文化设施也要配套建设，
包括博物馆、学校等。1808 年 9 月 10 日，葡萄牙王室随
船带到巴西一部印刷机。这便是巴西历史上第一台印刷机。
巴西现代印刷业由此开启。

　　欧洲资产阶级革命前后的"公报"，虽然是公开出版，
但更多体现着"公家"和官方的意志。同时，随着欧洲殖
民统治的开始，世界各地的殖民地也开始出现报纸。无一
例外，作为殖民宗主国控制殖民地的手段之一，"公报"
往往是殖民地最早出现的报纸。自 16 世纪开始，西班牙、
葡萄牙、荷兰等国在全球扩张的过程中，将欧洲印刷术和
这种简单的"公报式报纸"传播到了世界各地。巴西的第

一台印刷机到达之后，印制了第一份官方公报——《里约热内卢公报》。同年，居住在伦敦的巴西商人、政治家何塞·马丁在伦敦创办《巴西邮报》和《文学艺术报》，他在伦敦印刷，再秘密运回巴西发行。1822年，马丁将《巴西邮报》转到巴西国内印刷发行，此后《巴西邮报》不断壮大并发展至今，成为巴西历史最悠久的报纸。

巴西联邦共和国成立后创办的第一份党报是《巴西日报》，创刊于1891年。2000年，这张拥有119年历史的报纸宣布停止发行纸质印刷版，统一采用网络版。这一举措反映出一个事实：随着网络新闻的普及，新闻纸所代表的新闻纸质印刷时代正在逐渐退出历史舞台。

67　价值不菲的哥伦比亚错版邮票

哥伦比亚共和国简称哥伦比亚，原为印第安人的居住地。1536年沦为西班牙殖民地。1886年，哥伦比亚合众国改称哥伦比亚共和国。哥伦比亚的国名也是为了纪念哥伦布1492年发现美洲大陆而命名的，它由哥伦布的名字加上拉丁语的后缀 –ia 而构成，意为"哥伦布之国"。西方世界特别崇拜哥伦布，基于他"开疆拓土"的伟大贡献，以哥伦比亚命名的事物比比皆是，比如哥伦比亚大学、哥伦比亚公司、哥伦比亚出版社、哥伦比亚省……甚至还有

哥伦比亚《时
代报》是哥
伦比亚影响
力最大的报
纸之一，创
办于 1911 年

哥伦比亚式印刷机！

1859 年，哥伦比亚发行本国的第一套邮票。这套邮票
的印刷方法是石印。但是，由于石印印版的幅面较大，而
邮票本身比较袖珍，需要在一块印版上排列出数十个小印
版，满版为一个大印版，这样就能一次印出一大张连张的
邮票。因此这套邮票采用的制版方法是：先手工雕刻凸版
作为母版，然后用这块母凸版依照排列顺序，转印到石版上，
一共转印了 55 次才制成石印版。

邮票尺幅实在袖珍，转印到石版上的画面又是反向的，
因此很容易出现各种错误。这套邮票中出现了多种错版。
一种是不同面值的邮票组合在了一块印版上，导致印刷出
来的连张邮票面值顺序不对；另一种情况是连张邮票的版
面错乱，有倒置现象；还有一种情况竟然是把 20 生太伏（当

时哥伦比亚的货币单位）邮票的印模转印在 5 生太伏邮票的石版上了。印刷工人发现这一错误后，进行了修错改版，试图把"2"修改成"5"。然而不仅修得不像，还忘了把"0"去掉了，所以出现了面值为 50 生太伏的错版邮票。

错版邮票本身是有问题的邮票版本。无论是设计图出错还是制版出错，无论是在印刷过程中出错还是用纸或齿孔出错，都是错版。但是由于收藏界崇尚"物以稀为贵"，反使这些次品错版邮票身价上涨，被全世界集邮者奉为珍品。在 20 世纪 80 年代的拍卖会上，一枚 50 生太伏的错版邮票的成交价就高达数万美元。

68　印刷为媒，架起中苏友谊桥

苏里南共和国简称苏里南，原为美洲印第安人居住地。1593 年被西班牙探险者宣布为其属地。1602 年荷兰人开始到此定居。1630 年英国移民迁入。1667 年英、荷两国签订条约，苏里南成为荷兰殖民地。1975 年 11 月 25 日，苏里南宣告独立，成立苏里南共和国。无论以面积还是人口排名，苏里南都是南美洲最小的一个国家，也是西半球不属于荷兰王国组成体的地区中唯一以荷兰语为官方语言的国家，居民通用苏里南语。

中国与苏里南友谊源远流长，华人移居苏里南已有约

邮票中分别显示了苏里南人正在雕刻印版、上机印刷、欣赏印品

165年的历史，中国文化已深度融入当地的多元文化中。令人意外的是，在这个多数中国人都感到陌生的国家里，中国汉语中的客家语竟然是法定语言。不仅如此，2014年4月，苏里南政府将中国春节确定为苏里南永久性公共节假日，这在美洲地区可谓是绝无仅有。在苏里南新闻印刷事业中，中文印刷也占了小"半壁江山"。苏里南只有约10家报纸，其中《帕拉马里博邮报》《苏里南时报》《真理时报》《西方晚报》《自由之声报》《快报》是英文或荷兰文报纸，《中华日报》《华新报》《洵南日报》为中文报纸。不过这些报纸，特别是中文报纸，自创刊始就存在印刷技术落后、品质不高的问题，甚至直到20世纪末还在采用打字、油印的方式。

印刷为媒，架起中苏友谊桥。由于苏里南的印刷业比较落后，中国印刷业对苏里南印刷业开展了多种形式的帮扶，包括中国生产的印刷设备出口至苏里南，还以印刷技术培训、印刷展览交流等不同形式进行帮扶。山东省青岛

瑞普电气有限责任公司便是其中的代表。该公司自 1994
年起生产桑纳（SOLNA）系列胶印机。桑纳胶印机具备高性
能、低投入、运行稳定的特性，非常适合经济欠发达地区
的投资需求。所以其印刷机销往全球数十个国家和地区。
受中华人民共和国商务部委托，2008 年 3 月，作为对苏里
南的援建设备，瑞普电气的桑纳胶印机，从中国横渡太平
洋运往大洋彼岸的苏里南首都帕拉马里博。这次印刷技术
输出是中国对苏里南印刷行业发展建设进行的援助项目之
一。除印刷机漂洋过海之外，印刷技术人员也前往苏里南
对当地工人进行培训指导，帮助当地印刷工人尽快成长，
全面促进其印刷业的发展。

　　自印刷术被发明以来，一千多年的时光，它自中国出
发，通过漫漫丝绸之路，向全世界传播，在全世界传承，
得到创造性的转化和创新性的发展，惠及了全人类。为了
在新时代推动构建人类命运共同体，2013 年，中国发出了
共建"丝绸之路经济带"和"21 世纪海上丝绸之路"的倡
议。现在倡议逐渐从理念转化为实践，从愿景转变为现实，
中国的发展带动了苏里南的进步这件事正是其中的硕果。
2019 年 11 月 27 日，中国国家主席习近平在人民大会堂
同苏里南总统鲍特瑟共同宣布，中苏建立战略合作伙伴关
系。

69　死于决斗的乌拉圭"报业之父"

　　乌拉圭东岸共和国简称乌拉圭,原为印第安人居住地。1680 年后一直被西班牙和葡萄牙殖民者争夺,1777 年沦为西班牙殖民地,1816 年被葡萄牙占领,1821 年葡萄牙将其并入巴西,1825 年 8 月 25 日,乌拉圭脱离巴西,实现独立。1973 年成立军政府,实行独裁统治,1984 年军政府还政于民。

　　20 世纪上半叶,乌拉圭经济稳定、社会安宁。1916年,乌拉圭创建国家印刷局,引进了当时先进的铅活字印刷机。1918 年,华盛顿·贝尔特兰(Washington Beltrán,1885—1920)与他人共同创办了《国家报》。华盛顿·贝尔特兰既是律师,也是多产的记者和作家。他后来担任《国家报》总编辑一职,因发表政治演讲的超强能力而闻名,也因此成为乌拉圭国民党的重要成员,成为当时拉美政坛有影响力的人物。但这位乌拉圭现代报业的开创者,却成了欧洲决斗传统的牺牲者,同时,他也成为乌拉圭合法决斗的终结者。

　　1920 年,贝尔特兰领导的《国家报》发表了一篇文章《欺诈的拥护者》,公开指责前总统何塞·巴特勒·奥尔德涅斯领导的政党在选举中舞弊。正是这篇文章导致了惨剧的发生。决斗自 17 世纪以后广泛盛行于西方上流社会之中。贝尔特兰和奥尔德涅斯约定展开决斗。4 月 2 日,

1916 年，乌拉圭国家印刷厂成立，
邮票中为谷登堡式印刷机

印刷机和乌拉圭《国家报》的开创者们纪念邮票，图中左上便是华盛
顿·贝尔特兰

决斗地点定在了乌拉圭首都蒙得维的亚，当时包括副总统在内的许多政要或作为裁判，或作为观众出席了决斗现场。戏剧性的是，当天下起了倾盆大雨。决斗者们等了三个小时，希望雨能停下来，但雨一直下。无奈，裁判宣布在雨中开始决斗。两人站在 25 步远的地方，向对方开枪。最后，贝尔特兰被击中倒下。但据了解，贝尔特兰和奥尔德涅斯同意决斗的条件之一是，如果对方受伤，双方都不会起诉对方。但是，毕竟双方都是乌拉圭的政要，贝尔特兰又是新闻出版工作者，这起决斗迅速传遍了整个南美洲甚至欧洲、北美洲，轰动一时。乌拉圭国家检察官下令逮捕奥尔德涅斯及医生等与决斗有关的人之后，奥尔德涅斯自愿向警方自首。他被单独关押在警察局并接受审讯。后来乌拉圭众议院通过了一项决议，认定决斗非法，并判决奥尔德涅斯每年向贝尔特兰的遗孀提供 3000 美元的养老金。贝尔特兰的儿子华盛顿·贝尔特兰·穆林在 1965—1966 年担任乌拉圭总统。

直至今天，《国家报》依然是乌拉圭发行量最大的报纸。不仅如此，该报社已经发展成为媒体集团，拥有乌拉圭最有影响力的网站，网站涵盖各类新闻、服务、分类信息、购物等资讯，提供英语、法语、德语、意大利语、日语、葡萄牙语等多种阅读版本。

70 谁创建了委内瑞拉第一家印刷厂？

委内瑞拉玻利瓦尔共和国简称委内瑞拉，原为印第安人阿拉瓦族和加勒比族居住地。1498 年，哥伦布在寻找新大陆的航行中发现了委内瑞拉。1499 年，西班牙探险家阿隆索·德奥赫达将该国称为委内瑞拉，意为"小威尼斯"。1567 年沦为西班牙殖民地。1811 年 7 月 5 日宣布独立。1830 年建立委内瑞拉联邦共和国。1999 年改为现名。

1966 年，弗朗西斯科·德·米兰达（Francisco de Miranda，1750—1816）去世 150 周年，委内瑞拉邮政局委托德国联邦印钞公司印发了纪念邮票，将米兰达的头像和印刷机设计在了一起。米兰达是谁？为什么将他与印刷

弗朗西斯科·德·米兰达和委内瑞拉第一台印刷机

机放在一起呢？

无论是在拉丁美洲国家，还是在欧洲国家，米兰达都算得上是 18 世纪末至 19 世纪初的风云人物，他有着多面人生。他是拉丁美洲独立运动的先驱，委内瑞拉第一共和国的领袖。但在文学家的眼里，他是一位风流倜傥的革命者，是美洲独立的悲情先驱。英国奈保尔在《世间之路》中如此描写米兰达："在美国人当中成了一个自由的爱好者；在法国人当中成了一个革命者；在凯瑟琳大帝统治下的俄国达官显贵中成了一个墨西哥贵族和伯爵；在英国人当中成了一个流亡中的统治者，一个能向英国生产商打开整整一个大陆的人物。"他还被认为是委内瑞拉印刷业的创建人。他不仅印刷了委内瑞拉的第一份报纸，还设计了委内瑞拉的第一面国旗。

然而，也有资料显示，委内瑞拉的第一家印刷所是由马修·加拉格尔和詹姆斯·兰姆创办的。他们于 1808 年从附近英国控制的特立尼达岛带来了第一台印刷机，并于当年 10 月 24 日出版了《加拉加斯公报》，该报通常被认为是委内瑞拉的第一份定期出版物。其创刊号上的创刊公报就是《印刷厂成立开放》。自第 5 期（1808 年 11 月 11 日发行）起，《加拉加斯公报》每一期结尾处都有一行注明"加拉格尔和兰姆印刷厂"。

实际上，在 1790 年至 1800 年期间，委内瑞拉就曾多次尝试建立印刷厂，但均遭到殖民政府的禁止。西班牙殖民者害怕印刷业兴起，因为印刷业是传播革命思想的利器，是新教的工具。之所以普遍认为米兰达印刷了委内瑞拉第一份报纸，是因为这个表述不够准确，准确地说应该是米兰达印刷了委内瑞拉共和国的第一份报纸。

报刊的印刷与发行在启蒙思想传播和地方民族主义形成中占重要地位。作为政治家的米兰达，十分懂得报刊印刷工作的重要性，他在1810年就在拉丁美洲殖民地创办了宣传自由的第一份西班牙文刊物《哥伦比亚人》。所以甫一独立，就立刻利用印刷机作为手段，利用报纸作为宣传工具，出版印刷官方公报。

71 智利全舆图究竟该怎么印才好？

智利共和国的地图究竟应该怎么印？这是一个困扰智利人民很久很久的难题，也是现在互联网时代，广大网友操碎了心的问题。印个地图很难吗？到底难在哪里呢？

智利共和国简称智利，原有居民是印第安人，16世纪时还处于从母系氏族向父系氏族过渡阶段，之后沦为西班牙殖民地，1818年智利独立。从地理上看，智利是那么与众不同。它海岸线总长约1万千米，南北长4352千米。如果把它放在中国地图中，约等于从黑龙江省最北部一直到西沙群岛的长度。而国土东西之间的宽度仅90—400千

米，是世界上地形最狭长的国家。

在世界上有 200 多个国家和地区，每个国家的地图形状各异，比如中国的地图像一直昂首挺胸的雄鸡，美国地图像犀牛，葡萄牙地图像胡萝卜……但智利地图的形状就比较独特了，它像一支又细又特别长的毛笔。而且这长长的"毛笔"方向也既不是正南北向，也不是正东西向，是有角度的。地图的印刷，对于大多数国家来说都好像不是什么问题。唯独智利，要在一张纸上印刷地图，是一件非常头疼的事情。因为理论上，地图需要标注文字，这些字需要足够大，人眼才能看清楚，可是这样一来，智利地图需要印在很长的纸张上。长到什么程度呢？以中国地图作为对照，中国地图南北向比东西向略长一点，从比例上来讲，横纵比相当，接近正方形，而智利的横纵比例为1：24。如果横向上满足 A4 幅面的宽度 21 厘米，那长度就需要 24 倍，就是 504 厘米，这就跟唐代著名的长卷《金刚经》的比例接近了。如果这样查看智利地图，徐徐将长卷展开的感觉仿佛回到古代。如果要印制成我们常见的挂图，那长度完全没有办法想象了。所以，智利的地图到底该怎么印呢？

为了解决这个问题，智利人想出了好几种印刷方法。有的是把全图放左边，首都附近的细节图放右边，这种印法引起了边境地区人民的不满，认为这是在歧视他们；有的直接把地图从中间分成两半，左边放北方地图，右边放南方地图，像一副中国的对联，但这种办法不仅没有解决问题，反而又有人说，这有分裂国家之嫌；有的将地图顺着地形方向斜着印，但这种印法让人搞不清东南西北；还有横着印的，看起来也是怪怪的。用得最多的办法就是将地图分成四段，竖排版，类似中国传统的四条屏，由独立而完整的四幅书画作品组合成一幅完整的书画作品。这是目前为止，看起来最科学的智利地图排印方法了。

第六章

亚洲印刷历史故事

亚细亚洲简称亚洲。亚洲地区地域广大，民族众多，有着丰富且多样性的文化、宗教。不仅如此，几乎世界性的宗教都诞生于亚洲，如基督教、佛教、伊斯兰教、印度教等。印刷术也诞生于亚洲，亚洲可谓也是印刷术的摇篮。中国是印刷术的故乡，印刷术的诞生得益于中国古代繁荣昌盛的文化，也与在亚洲诞生并传播的佛教密切相关。亚洲共有 48 个国家。本章讲述包括中国在内的 16 个国家的印刷历史文化故事。

72 不丹的印经工匠

下图是 1975 年不丹发行的小全张邮票，彩色胶印，面值为 5 努。努尔特鲁姆是不丹的货币，简称努，简写为 Nu。

邮票中不丹印经院里工匠正在印刷佛经，采用的印经方式和中国藏区完全相同。中国的藏区现今依然留存有三大印经院：拉萨印经院、拉卜楞印经院、德格印经院。德格印经院更是有着"藏文化大百科全书"的美誉。藏传佛教经书并不装订成册，而是散页。经文的每一页都是狭长的幅面，这与中原地区的传统书页形制不同，也因此，藏文经书的雕版印刷工艺与我们常见的略有不同。通常，藏经页子是由两个人一组配对印刷。印刷时，两人相对而坐，书版置于两人之间，刷印过程包含四个步骤，一人负责两

"不丹的印经工匠"邮票

个动作。刷墨匠先在印版上刷墨，刷印匠拿起纸张放下，刷墨的人同时配合着将纸套准，刷印匠双手握住木礅子在纸上滚压一个来回，这样一面经文就印好了，再由刷墨者揭下并放置好。配合熟练的工作组动作娴熟默契，每天每组能印 1000 多页。

不丹全称不丹王国，位于喜马拉雅山脉南麓，东、西、北三面与中国接壤，南与印度交界，面积 3.8 万平方千米。人口 73.57 万（2018 年），不丹人占总人口 50%，尼泊尔人占 35%。不丹语或称"宗卡"语为官方语言，藏传佛教（噶举派）为国教。

自古以来，因为地缘关系，不丹与中国的西藏在文化、经济等各方面息息相关。自然地，中国的雕版印刷术很早就通过西藏传入不丹，并一直沿用。17 世纪时，不丹在各地建立地方行政中心兼喇嘛庙，叫作"宗"。宗的建造和宗教教义的推广遍及不丹全国，促进了宗教课本（佛教经书）的印刷出版，随之，不丹的官方印刷所便在宗建立起来，其中有的至今仍然存在。

不丹的现代印刷业起步于 20 世纪 60 年代。1965 年，不丹政府印刷厂于首都廷布成立，目的是印刷官方报纸《昆色尔》周报，同时也承担政府及其他社会印件。至 1970 年，该厂配置了中型印刷机、订书机、打孔机和装订设备。不丹最大宗的印刷品是各类学校的教材，包括教科书、教师手册、教学大纲、辅助读本和参考书，以及作业本、练习簿等。由于不丹没有建立起印刷产业，至1985年以前，这些教科书统统都在印度印刷。为鼓励和支持本国印刷业的发展，1985年不丹政府成立了唯一的教材出版机构——课程和教材发展局（现更名为课程和职业保障局），隶属于教育部。政府规定，所有教材必须首先安排给本地的印刷商承印，超出其能力的品种才允许委托印度的出版商。随着出版和教育事业的逐步发展，不丹的印刷业得到了培育和发展。然而，尽管政府强制要求将印刷业务交给本地企业，但由于除少数几个印刷厂的技术设备相对较好外，大多数印刷厂的生产条件较差，全行业整体技术水平不高，难于完全胜任。不少质量要求较高的印刷品还得委托国外印刷商加工，如纸钞、邮票和部分出版物等。

不丹的邮票闻名于世，至今仍保持着使用特殊材料印刷邮票最多的世界纪录。发行邮票给不丹带来了可观的外汇收入。不丹发行过金属箔片凸压圆形邮票、加压一层螺纹光栅的塑料膜邮票、塑料凸纹邮票和塑料膜邮票。不丹在1969年发行了用人造丝制作的《祈祷者旗帜》邮票，又发行了印在钢片上的《钢铁工业500年》纪念邮票。1973年，不丹用香片纸制作了一套玫瑰花邮票，还制作了一套7枚小型录音唱片邮票，内容是不丹的国歌、民歌和历史解说。不过，很多人并不知道，不丹发行的邮票只是由不丹邮政设计，而印制则是在马来西亚、新加坡和印度等国家。那张1975年彩色胶印的5努邮票自然也不是不丹国内印刷的，据说是在巴哈马印制的。

　　1967年，为保存并弘扬不丹丰富的宗教文化遗产，不丹皇室在首都廷布旺楚河西岸扎西确宗的主塔内设立了国家图书馆；随后，国家图书馆迁入强岗卡拉康寺；1984年，位于首都廷布的国家图书馆新馆落成，隶属于不丹国家文化部文化事务专门委员会。为传承保护传统的雕版印刷术，不丹国家图书馆内现在还保留有一个小型的雕版印刷所。图书馆藏有古籍手稿、大乘佛教典籍和宗教古籍印刷雕版338 950件，其中有的就来自中国四川德格印经院。2004年4月，不丹成立经文印刷社，开始采用现代胶印机的技术印刷佛经，用于分发至不丹的各个寺院和佛学院。不丹国家图书馆还有一个游客必到的打卡地，就是在顶层展出的"网红"书——《不丹：纵贯王国的视觉历程》。该书长时间保持着世界最大的书的纪录，重达60多公斤，长1.52米，高2.13米。值得一提的是，这本书是在2003年用数码印刷机印刷出版的。

73　印度的木戳印花

　　在亚洲地区，除了中国，还有一个文明古国，它就是印度。古老的印度河与恒河孕育出了灿烂的印度文明。而"印度"这一名词正是来源于印度河，在古代，印度所指

印度的各式木戳印花版，通常印花版背面都有可握的手柄

印度传统手工木戳印花布

的并不是一个国家的名字，而是一个地理区位的概念。由于印度和中国比邻而居，所以历史上留下诸多文化交流互鉴的佳话。比如佛教的交流互鉴、造纸术的传播等。印刷史上，中国和印度也有颇多的交互式借鉴，比如捺印和木戳印花技艺。

关于印花技术的古与今，在《中国彩印二千年》一书中已经详细梳理。不过，对木戳印花没有展开详述。木戳印花就是由工匠在模版上雕刻出各式花纹图案，再涂上各色染料在布料上进行印染。木戳印花其实就是雕版印花。在印刷史学领域"印花"与"印刷"一字之差，技术上接近，但其重要意义却有天壤之别。

2012年我应北京印刷学院团委的邀请，作为带队老师，率领大学生完成了《新疆印花工艺探究》暑期大学生社会实践课题，主要研究新疆喀什地区英吉沙县的传统工艺木戳印花布。维吾尔族花毡、印花布织染技艺是首批国家级非物质文化遗产。我们在位于吐鲁番的大漠土艺馆中观看了传承人木戳印花工艺的表演，几经周折也买到了几块新疆石榴汁颜料印花土布和三块老花版。当时，有学生在论文中写道："新疆的印花工艺与中原和南方地区的迥然不同。的确是这样。"在古代，南方印花布很少采用这种方式，多采用夹缬、蜡染、漏版工艺。

目前，印度传统印花工艺保存最为完整的地方是位于印度西北部的拉贾斯坦邦巴格鲁（Bagru）镇，因其古法印花花纹中渲染着浓浓的宗教文化，独特而华丽。这是一个沙漠小镇。由于当地旅游部门的推广，越来越多的时尚界和艺术界人士对这里产生兴趣，故而沙漠斑斓的传统印花工艺开始广为人知。印度的博物馆及相关机构还策划了国家记录遗产使命展览，在全世界巡展，将传统印花工艺传播、传扬。位于新德里的国家工艺品大厦中有专门的店面，销售这一非物质文化遗产的当代印花布。

对比之下，我认为新疆木戳印花工艺与印度传统印花工艺如出一辙，但新疆的布和花版实在是昂贵，传承人也实在是少。巴格鲁和英吉沙县，它们都是沙漠绿洲，同为古代丝绸之路重镇，两地传统印花工艺可谓"你中有我，我中有你"。我不禁感叹，数千年来，不同民族、不同国家、不同宗教的人们互相学习、借鉴，丝绸之路的创新活动历久弥新、印迹清晰。

现在要想买到一块印度花版也不难，因为新版还在不断制作。在新德里的手工艺市场，甚至还能买到文物级的古老花版。这些木雕花版主要是印度人喜欢的图案，如孔雀、大象、女神，也有伊斯兰教所钟爱的树木、攀缘植物、花等图案。印度印花版还有一个与众不同的特色，就是木板嵌铜工艺。这跟印度发达的传统镶嵌、制铜工艺密不可分。印度很多印花版版片是木材，但印面却是由铜镶嵌而成。有的是用薄铜片嵌入木板中，将铜片弯成线条组成图案；有的是镶嵌小铜柱，以波点为主的图案。这种木身铜嵌的印花版，不仅大大提升了耐印率，而且也因为铜片较宽，印面的线条较手工雕刻线要高很多，这样空白处不容易沾上墨，避免了沾污布料。

74 伊朗人眼中"点纸成金"的印刷术

伊朗伊斯兰共和国简称伊朗，是一个有着千年历史的文明古国。公元前 6 世纪，古波斯帝国盛极一时，成为世界上第一个地跨亚、非、欧三大洲的帝国，在世界文明史上占据了重要的地位，其疆域包括今天的伊朗全境。7 世纪，波斯地区逐渐被阿拉伯帝国所吞并，而后波斯成为阿拉伯帝国的一部分。

公元前 119 年，张骞第二次出使西域，派副使访问帕提亚帝国（安息，前 105）。安息帝国位于今伊朗的东北部。安息王令两万骑兵迎候，礼仪极为隆重。大汉使臣们献上华丽精致的丝绸，安息国王以鸵鸟蛋和一个魔术表演团回赠汉武帝。这标志着连接中国和西方罗马帝国的"丝绸之路"正式建立。

751 年，阿拉伯帝国的军队在怛罗斯打败唐朝军队。被阿方俘虏的中国人在撒马尔罕建立造纸作坊。11 世纪，波斯学者萨阿列比著的《关于各地物产的心灵果实》一书中写道："撒马尔罕纸使先前人们书写使用的密昔儿纸（埃及莎草纸）以及各种皮制的纸类都贬值了，因为它更柔软、更高质、更经济。这种纸只产于撒马尔罕和中国。"他还引据了阿拉伯文地理书《道里邦国志》："纸从中国传入撒马尔罕，在齐亚德·伊本·萨利赫俘获的怛罗斯之战的俘虏中，有一人懂得造纸术，他教了撒马尔罕人。后来这一技术得到推广，撒马尔罕人以此贸易得利。"

10世纪的阿拉伯历史学家伊本·纳迪姆在《书目》中记载，8世纪，波斯国王——《一千零一夜》中的最佳男主"花样美男"——哈伦·拉希德和贾法尔，因为无法忍受羊皮纸上的政府公文可以随意涂改，下令用中国纸取代羊皮纸，并在巴格达等地设立造纸场。该书还提到，纸是105年由中国人蔡伦发明的，他造纸主要用破布、旧渔网、植物纤维、棉花和亚麻等材料。由于纸的生产方便，不易损坏，性能大大优于莎草纸，尤其是不像莎草纸那样容易风干、卷皱，且柔软、有弹性、折叠方便、易于保存，因此，埃及人纷纷填平用于种植纸莎草的池塘、沼泽，清理沟渠和水道，拔除大量纸莎草，纸莎草种植和莎草纸的生产逐渐绝迹。

马可·波罗访问忽必烈统治的中国时，他在雕版印刷的大量经书中，没有看到什么值得报道的东西。但他却惊讶地记述了忽必烈将纸张印刷成为通货以代替贵金属的事情。在《马可·波罗游记》中，他称此为"点纸成金的炼金术"。除了马可·波罗，还有一些人，包括罗伯鲁、鄂

装在木盒中的便是元朝印刷发行的纸钞。这幅画中忽必烈坐在宝座上，随行人员用桑树皮制成的纸币来支付商品。但在当时的西方，人们还不知纸币为何物，他们认为把纸等同银子的想法是极其荒谬的。他们还曾经要求马可·波罗收回这些无稽之谈。图片摘自《马可·波罗奇迹书》，法国国家图书馆收藏手稿

多立克和佩戈洛蒂，都以钦佩的语气记述元朝皇帝是怎样用树皮来代替贵金属的。

官至伊利汗国宰相的波斯学者拉施特所著的《史集》在 1311 年以抄本的形式首次公开。书中记载了 1294 年伊利汗国乞合都汗印刷纸币的全过程。因为当时的国王乞合都是个非常慷慨的君王，他赏赐的费用极多，国内的金、银对他来说不够用，所以他想效仿中国印刷发行纸钞。《史集》记载："693 年 6 月（回历，1294 年 5 月）初，召开了有关纸钞的会议。撒都刺丁和几个异密（Emir，总督）

偶尔考虑到通行于中国的纸钞，他商讨了用什么方式来推行纸钞于这个国家（伊利汗国）。他们向君王奏告了这件事。孛罗说道：'纸钞是盖有皇印的纸，它代替铸币通行于整个中国，中国所用的硬币巴里失（银锭）便被送入国库。'"

《史集》第三卷记录了1294年伊利汗国学习中国印刷发行纸币的事件

1294年7月23日，异密阿黑不花等人奉旨前往大不里士（今伊朗东阿塞拜疆省省会），8月13日，他们抵达那里，开始印造纸钞。同时朝廷颁布了诏令，凡拒绝纸钞者立即处死。约一个星期后，人们因害怕被处死，接受了纸钞，但人们用纸钞换不到多少东西。大不里士城的大部分居民不得不离开。这次印钞活动仅持续了两个月便失败了。

虽然大不里士印刷发行钞票以失败告终，但影响深远，极大地促进了西方世界对印刷术的了解，加速了印刷术西传的脚步。

75　希伯来文印刷术的开创

　　1948 年以色列国宣布成立，简称以色列，是世界上唯一以犹太人为主体民族的国家。希伯来语是犹太人的民族语言，是世界上最古老的语言之一。公元 70 年，罗马人毁掉了犹太人的都城耶路撒冷，犹太人被逐出家园流落世界各地。他们使用寄居国的语言，致使希伯来文作为口语逐渐消失，但作为书面语还继续存在。自从 20 世纪开始，特别是以色列复国以来，希伯来文作为口语在犹太人中重新复活。以色列建国后将希伯来文定为官方语言之一，书面的希伯来文为口语的复活奠定了基础。对于希伯来文字的传承，印刷术居功至伟。

　　文艺复兴时期，犹太人散落在世界各地。他们中有许多人都曾以抄写文本为生。那一时期，最著名的犹太抄写员亚伯拉罕·法理索尔（Abraham Farissol，1451—1525）抄写的手稿，现在可以见到的就有 41 部之多。正是由于他们的努力，许多珍贵的希伯来文手稿才得以

1863 年第一家希伯来文报纸《哈尔班农》报印刷发行，邮票中为正在用活字排版报纸的工人

保存，供人文学者阅读。印刷机发明之后，智慧的犹太人很快便意识到了印刷机潜藏的爆发力。1477年，犹太人首次用希伯来文印刷了《圣经·旧约》中的《诗篇》。不久，希伯来文印刷社就遍及意大利全境。在迄今已知的113本古版希伯来文书籍中，至少有93本出自意大利。对此贡献最大的是桑西诺家族，如热尔松·桑西诺。他在1488—1535年间，分别于意大利和土耳其印刷了多部重要的希伯来文本。此外，一些著名的犹太学者活跃在基督徒开办的印刷社中，积极参与了基督教印刷商出版希伯来文本的工作。不仅如此，还有一些犹太人从事书籍买卖工作。犹太人多有商业天赋，他们从事的发行工作，也促进了希伯来文书籍大量地、大范围地传播。

16世纪时，位于加利利湖西北侧的墨兰山上的萨法德，属于奥斯曼帝国统治下的犹太城市。当时，犹太人从欧洲和北非等四面八方来到这里定居，使得小镇的人口不断增多，到1550年这里人口已达到1万。一些犹太名人，如约瑟夫·卡罗、摩西·特拉尼、伊萨克·路里亚和哈伊姆·维塔尔等，都曾在此居住，他们为后人们制定了犹太教的一些律法和戒规。1563年，阿什肯纳齐兄弟从欧洲购买了以色列第一台印刷机，在萨法德创建了以色列历史上第一所印刷厂，并成功地印刷了第一本希伯来文书。从此，以色列拥有了自己印刷的希伯来文书籍。到17世纪，萨法德有18所学校、21座犹太会堂，而且神秘主义宗教学者的活动还使这座山城一度成为希伯来神秘哲学运动的基地。许多犹太知识分子在萨法德孜孜不倦地致力于自己民族文化的传播事业，使该城成为一个近代犹太文化的中心。

现在的小镇萨法德是一座富有古老犹太传统和艺术气质的旅游胜地。尽管人口不到 3 万人，但于 2012 年被 CNN（美国有线电视新闻网）命名为全球最美十大小镇之一。以色列人还特地在萨法德建起了一座印刷厂博物馆，向人们展示这里乃至整个以色列印刷业的发展历史。

76　"数字印刷之父"——以色列兰达

在信息技术发达的 21 世纪，总有一些人在创造传奇，譬如苹果之父乔布斯。以色列发明家班尼·兰达（Benny Landa，1946—　）拥有"数字印刷之父""纳米印刷之父"等称谓，他的发明和经历是全球印刷界的一个传奇，他因此被誉为印刷界的"乔布斯"。

兰达传奇起源于 50 多年前，地点是加拿大埃德蒙顿的一家小烟店。

1946 年兰达出生于波兰。两岁时，他们全家搬迁到了加拿大阿尔伯塔省的埃德蒙顿市。在做了 8 年的木匠之后，兰达的父亲买下了一家小小的烟草店。为了维持家庭开支，他在店铺后院搭建了一个照相室，用作工作室和暗

班尼·兰达
和 他 的 数
字 印 刷 机
（ 图片来自
Landa 公司
官网 ）

房。兰达小的时候，他在暗房里给父亲帮忙，并且有了自己的第一项发明：利用橡胶管和一个旧留声机的电机制作的"相片用化学药品混合器"。兰达的父亲利用自行车部件和滑轮，发明了一种独特的照相机，可以将图像直接捕捉到相纸上，而不需要使用胶片。后来，这个重要的概念在 1993 年被兰达提炼成为数字印刷的基本原理。

兰达在大学的学习可谓涉及广泛，他在以色列工学院学习了几年物理和工程，又在耶路撒冷希伯来大学接受了心理学和文学教育，最终，他从英国伦敦电影学院毕业。1969 年，他在一家从事缩微图像技术研发的公司开始了职业生涯。两年后，他和一位伙伴成立了 Imtec 公司，这家公司后来成为欧洲最大的缩微图像技术公司。兰达发明了公司的核心成像技术，在研究液态油墨的时候，他探索出一种高速成像的方法。得益于此，他后来完成了自己突破性的发明：电子油墨。

1974 年，兰达为了追求自己的梦想，移居到了以色列。3 年后，他成立了 Indigo 公司，将电子油墨的概念推向市场。电子油墨技术使用悬浮在成像油中的小颜色颗粒，这些颗粒可以被电荷吸引或排斥。油墨在纸的表面形成一层薄而光滑的颜料层，这使 Indigo 数字印刷品的质量与传统胶印接近，实现了高质量彩色图像的高速印制。到 20 世纪 90 年代初，Indigo 公司已经发展成为一家知名的印刷设备制造公司。兰达作为一种革命性的新型印刷技术代表，登上了与施乐、柯达和海德堡等印刷设备巨头正面交锋的竞争舞台。

在 1993 年的英国印刷展上，兰达推出了全球首款无版数字彩色印刷机——Indigo E-Print 1000。这是印刷行业的一个重大转折点。它省去了印刷制版流程，使电脑上的文件可以直接印刷。该技术使短版印刷和按需印刷成为现实，这震动了整个行业，印刷开始进入数字时代。

2002 年，兰达以 10 亿美元的价格将 Indigo 公司卖给了惠普公司。然而兰达的野心并没有停下。随后，他成立了 Landa 公司。他尝试从空气中捕捉环境热量并将其转化为可用的电能。在研究纳米技术期间，兰达和他的团队观察到：许多材料在变成纳米级的颗粒大小后，会呈现出意想不到的属性。由于他骨子里蕴藏着印刷情结，"小宇宙"再次爆发。他发明了一项新型数字印刷技术——
Nanography®纳米图像印刷技术。这项全新的技术和工艺
能够在大幅面承印物和任何未经处理的纸张或塑料上进行
高速数字印刷。这是数字印刷技术史上的又一座里程碑。
这项技术弥合了胶印与数字印刷之间的巨大盈利差距，使
数字印刷超越了相册、名片和短版手册的印刷范畴，能够
经济高效地生产中小批量的印刷产品。

77　日本现存最早的印刷品

日本是中国一衣带水的近邻。尽管是近邻，但在航海
不发达的古代，特别是在从中国三国时期至唐朝这段时间
里，朝鲜半岛上的新罗、百济（今均属韩国）等国一直充
当中国文化向日本传播的桥梁。中国的造纸等技术也正是
经由朝鲜半岛东传日本的。285年，朝鲜人王仁就把中国
的《论语》和其他儒家书籍传入日本。后来，佛教也从中、
朝传入日本。6世纪，日本把佛教立为国教。645年，日本
实行"大化改新"，随后开始向唐朝派遣唐使和留学生，
全方面学习中国的儒家文化和先进技术，这些人回国时带
回不少笔、墨、纸、砚和抄本、印本书籍。这些都对日本
文化产生了很大的影响，中国的印刷术也正是在这个时期
传入日本的。鉴真东渡日本，对日本引进印刷术也起到了

重要作用。

孝谦天皇作为日本历史上少有的女天皇，"爱江山更爱美男"，用尽一生演绎了一场轰轰烈烈的"奈良爱情故事"。孝谦天皇的表哥藤原仲麻吕（即藤原惠美押胜）深得皇太后宠信，一度总揽朝政。但在孝谦天皇让位淳仁天皇后，僧侣道镜夺取了孝谦上皇的信任。深感危机的藤原仲麻吕孤注一掷，发动了军事政变。天平宝字八年（764），藤原仲麻吕之乱被迅速镇压，淳仁天皇被废位流放，孝谦上皇重登皇位，是为称德天皇。在血腥政变之后，日本的这位女皇开始了对海这边的中国女皇——武则天的效仿。

为纪念平定藤原仲麻吕的兵乱，感谢三宝加持，祈愿无垢净光大陀罗尼的功德，称德女皇下令建造 100 万座小木塔、印刷 100 万张陀罗尼经咒，将日本对陀罗尼经的供奉推向高潮。她在 67 个月内动用了 30 多万人从事这一工作，为此几乎调动了全国的工匠，耗去大量资财，但是却成就了日本印刷史上一个空前的创举。

小木塔高度不一，小的有 23 厘米，大的则有 45 厘米，可以拆卸。木塔中空处安放经卷，被后人称为《百万塔陀罗尼经》。百万塔被分奉在日本法隆寺、东大寺、大和弘福寺等地，各寺专门营建堂院将其安置，称为小塔院或万塔院。经卷尺寸长 17—50 厘米，高约 5 厘米，全经包括根本陀罗尼、相轮陀罗尼、自心印陀罗尼、六度陀罗尼共四部，采用黄麻纸印制而成。

《百万塔陀罗尼经》，东京国立博物馆藏

日本的百万塔和《百万塔陀罗尼经》

　　《百万塔陀罗尼经》被很多学者认为是日本现存最早的雕版印刷品。也有学者持反对意见。比如日本学者井上清一郎研究认为，该经卷采用的是"钤印"的方式，而不是纸张覆盖在雕版上的印刷方式。另外，有一点始终令人费解，自764年至770年印造《百万塔陀罗尼经》之后200年左右，日本岛内再无印刷术应用的记载，更无印刷品留存。

78　约旦用畜力进口的印刷机

　　约旦哈希姆王国简称约旦，原同属大巴勒斯坦区。7世纪初，这里属阿拉伯帝国版图，16世纪起归属奥斯曼帝国，第一次世界大战后沦为英国委任统治地。1921年英国以约旦河为界，西部仍称"巴勒斯坦"，东部成立外约旦酋长国。1946年3月22日，英国承认外约旦独立，外约旦成为君主立宪制国家。1950年4月改称"约旦哈希姆王国"。

　　约旦的现代印刷业起步较晚。20世纪初，约旦地区还没有一台印刷机，更没有自己的印刷厂。1909年，黎巴嫩新闻记者哈利勒·纳斯尔（Khalil Nasr）在当时巴勒斯坦的海法创办了一家印刷厂。海法现在是以色列的第三大城市，位于以色列北部，面迎地中海，背依卡梅尔山。对于巴勒斯坦来说，这样一个印刷厂并不算起眼。但是，

尽管法海并不是约旦领地，对于约旦人来说，这家印刷厂的创办却富有意义。1919 年纳斯尔与海法人巴西拉·贾达（Basila Al Jada）合作，在海法当地印刷出版了《约旦周报》，由此与约旦结下不解之缘。1922 年，纳斯尔的印刷厂迁至约旦的安曼，1927 年《约旦周报》复刊。

20 世纪初，人类信息传播效率最高的手段便是报纸。所以，约旦统治者认识到要想建立现代化的约旦，就必须引进印刷术，传播知识和文化，建立起自己控制的新闻印刷业，特别是印刷发行报纸。由于约旦当时并没有本土印刷业，于是，在 1921 年外约旦酋长国建立时，政府出资，从耶路撒冷购买了一台印刷机，并用骆驼和马匹从耶路撒冷运到了首都安曼。这样到 1923 年，由政府控制的《阿拉伯东方报》开始印刷发行，这是约旦的首家官方报纸。1925 年，政府开始兴办印刷厂，印刷各类书籍。1929 年，《阿拉伯东方报》发展为机关报，主要刊载官方公报、法律法规、国内外新闻、文学作品和政论文章。

79 朝鲜半岛上现存最早有明确纪年的印刷品

西湖雷峰塔下镇着白娘子，这是中国家喻户晓的民间传说。这一民间传说和鲁迅先生的《论雷峰塔的倒掉》令雷峰塔妇孺皆知。实际上，雷峰塔的倒掉与一种古书密切相关。民间传说，吴越忠懿王钱俶建塔之时，用了不少"藏金砖"，砖里藏有金子。于是，"淘金者"络绎不绝，长期盗挖塔砖。久而久之，1924 年 9 月 25 日下午 1 时 40 分左右，雷峰塔这座杭州西湖边的名塔，不堪重负，轰然倒塌。雷峰塔倒塌后，藏金塔砖的秘密便真相大白。原来，有一部分塔砖为空心砖，里面的确有宝藏，但并非真金，而是真经。所以事实是，雷峰塔下并没有妖精，没有真金，只有佛经。

塔砖内发现的《一切如来心秘密全身舍利宝箧印陀罗尼经》（以下简称《宝箧印陀罗尼经》），世称"雷峰经卷"。此经卷长 205.8 厘米，框高 5.7 厘米，271 行字，每行 10 字或 11 字不等。卷首题"天下兵马大元帅吴越国王钱俶造此经八万四千卷，舍入西关砖塔，永充供养。乙亥八月日记"，扉画为礼佛图。此经是北宋开宝八年（975）吴越王钱俶刻印本。在当时此经刻印有 84000 卷。流传至今者不算太少，国内的国家图书馆、浙江图书馆、泉州三省堂、上海玉佛寺、西北大学图书馆等都有藏；流失到海

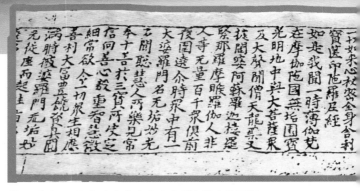

朝鲜半岛现存最早的印刷品《一切如来心秘密全身舍利宝箧印陀罗尼经》

外的，美国国会图书馆、纽约市图书馆、英国国家博物院等也有收藏。

吴越王钱俶所刻印的《宝箧印陀罗尼经》，不仅推动了吴越国印刷事业的大发展，而且对朝鲜早期的印刷业也产生了重要的影响。

高丽穆宗十年（1007），清州牧（今韩国忠清北道境内）总持寺广济大师弘哲主持刻印了《宝箧印经》。总持寺是当时高丽朝密宗最大的寺庙之一。高丽版《宝箧印经》题记为："高丽国总持寺主真念广济大师释弘哲，敬造《宝箧印经》板印施普安佛塔中供养。时统和二十五年丁未岁记。"这卷经卷卷首有插图和题记，从经文和版式上看，显然是以钱俶刻印的经卷为底本，只是雕刻的文字和插图略显朴拙。它是迄今在朝鲜境内发现的最早的印刷品。高丽版的《宝箧印经》现也有零星存世，在韩国和日本均有收藏。

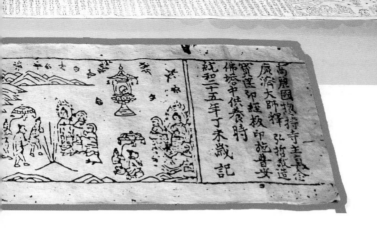

　　从现存文献来看，朝鲜是最先接受中国印刷术的国家之一。历史上，中朝两国的文化交流甚为悠久。在公元前2—3世纪时，两国的交往已相当密切。7世纪时，新罗统一了朝鲜半岛，那时中国正值唐朝。他们经常派学生到中国学习。这些学生回国时往往带走大批中国的书籍，同时也学到了不少先进的工艺技术。印刷术当然也不例外。20世纪朝鲜半岛有过早期印刷品的发现，甚至引发了印刷史上的"中韩之争"，学者们认为那其实为中国"输出"的印刷品。详细情况后面《韩国的雕版印刷术》一文中会有介绍。历史文献资料中关于朝鲜印刷术的最早记载时间也是11世纪。公元1237年，时任高丽翰林学士的李奎报（1108—1241）撰有《大藏刻版君臣祈告文》，文中称"高丽显宗二年始雕经版"。结合历史记载及现存实物来看，朝鲜半岛印刷的最早书籍，正是高丽朝总持寺1007年刻印的《宝箧印陀罗尼经》。

80　朝鲜满月台出土的金属"活字"

活字印刷是中国人的伟大发明，也是欧洲人心中的"智慧之神"，更是朝鲜民主主义人民共和国的"国宝"。世界上现存最早的 7 个金属活字就出土于朝鲜开城。开城特级市简称开城，是朝鲜的经济特区，如同中国的深圳一样，经济相对发展较快。开城有着悠久的历史。918—1392 年的 474 年间，开城曾为朝鲜半岛上第一个统一国家——高丽王朝的国都开京，现存诸多历史遗迹。满月台便是其中的一处，曾是高丽王朝的王宫。1361 年因红巾军入侵而变成废墟。2013 年开城历史遗址被列入《世界遗产名录》。早在 1913 年和 1959 年，在开城的出土文物中就发现了高丽时期的金属活字。

20 世纪 50 年代，朝鲜开始对开城满月台遗址进行考古发掘，从此不断有文物出土。1959 年，这里出土了一个铜活字。这也不是一个普通的汉字，是"㫑"字右边多了偏旁"页"。现在这个"㵦"活字保存于朝鲜中央历史博物馆。

还有一个知名的铜活字同样出土于朝鲜开城，不过不是满月台遗址，而是来自高丽王陵。这是一个冷僻字："複"。据说是在 1913 年，由日本古董商卖给韩国德寿宫博物馆，现存于韩国国立中央博物馆。这个活字"複"一度成为韩国明星级的文物，多次被当作韩国文化旅游形象使用。

准确地说，这些朝鲜半岛的铜活字都应该叫作"字块"。为什么呢？自谷登堡改进活字印刷术以来，大家看到最多的便是铅活字。而铅活字字身较长，呈长方体。而开城满月台活铜字块形状和高丽王陵铜字块相同，字身十分短，形状扁平。这两个字块表面不光滑，外边形状不规则，笔画粗细不均，活字外边框长短不一，不成直角。有学者认为它们是以蜜蜡铸造法铸造的，铜字块背后有一个椭圆形的凹陷，专家认为这是为了减少用铜量，同时在灌注蜜蜡时可以起到固定活字的作用。但也有很多学者认为，这两个字块因为不规则，并不具有活字的形状，也不具备排版适性，有可能它们不是应用于印刷领域。

朝鲜和韩国联合考古队自 2007 年开始对满月台遗址进行联合考古，截至 2015 年共进行了 7 次挖掘。2015 年 11 月 14 日，联合考古队在满月台遗址西部建筑群南端发掘出一枚金属活字"嫥"字。"嫥"是汉语生僻字，有专一的意思。该活字长 1.36 厘米，宽 1.3 厘米，高 0.6 厘米，字画突起的高度为 0.44 厘米。韩朝历史学家协议会委员长崔光植推定，该金属活字铸造于高丽时代，铸造时间不晚于满月台焚毁的 1361 年。

2016 年朝鲜中央历史博物馆的学术研究团队对满月台遗址西部建筑群南侧部分进行细致的挖掘调查，又发现

1959 年，朝鲜印刷发行纪念开城满月台铜活字出土邮票

20 世纪初，朝鲜开城出土的铜活字"複"字纪念邮票

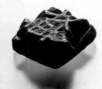

朝韩联合考古队发掘出的金属活字"嬉"字

高丽时期的金属活字 4 枚。其中 3 枚的大小接近，大约长 12—13 毫米，宽 10—11 毫米，高 6—7 毫米，正面为凸出文字，背面有半球形凹槽。另外 1 枚横竖分别为 7 毫米和 6 毫米，比其他活字小，可字面清晰。据分析，活字的金属部分，材质均为青铜。

至此，发掘出土的高丽时期金属活字共有 7 枚，它们的形状、背面凹槽及其材质都基本一致。

81 韩国的雕版印刷术

中国人创造的汉字是人类文明史上浓墨重彩的一笔。汉字不仅促进了中国的发展，也辐射到与中国山水相连的朝鲜半岛。朝鲜半岛使用汉字的历史长达 2000 年，在 1446 年李氏朝鲜世宗大王颁布使用谚文以前，汉字一直是朝鲜半岛唯一通用的文字。

在文字相通的那段历史里，中韩文化交流毫无障碍。中国早期的印刷品更是深受朝鲜半岛人们的追捧。雕版印刷术是人类社会最早的印刷术，它是中华民族悠久深厚文明的积淀，是中国古代劳动人民智慧的结晶。只有中国绵延不断的文化历史才具备发明印刷术的基本条件。对于早期的印刷品，先人有文献记载，近几十年来，唐代包括初唐、中唐和晚唐各个时期的印刷品不断出土问世。1966 年，韩国庆州佛国寺佛塔内发现的《无垢净光大陀罗尼经》（以下简称《无垢经》），引发了韩国国内的狂欢。有学者据此认为：此经刻印于 8 世纪，是现存世界上最早的印刷品，所以印刷术是韩国人发明的，由此引发了学术界"中韩印刷术发明权之争"。然而经过中外专家考证，此刻本为武周时期刻印于洛阳的印刷品。该佛塔的建造也是在中国僧人的指导下完成的。迄今为止，韩国国内没有发现与《无垢经》年代相近的其他印刷品和相关史料。

位于韩国庆尚南道的海印寺是韩国最著名的佛教圣地。该寺珍藏的《大藏经》因经版的数量达 81352 块，总字数约 5200 万之多，而被称为"八万大藏经"。"八万大藏经"

1966 年，在韩国庆州佛国寺佛塔内发现的《无垢净光大陀罗尼经》

被划定为"国宝第 32 号"。1995 年，海印寺及八万大藏经藏经处作为世界文化遗产被列入《世界遗产名录》。

　　为推进文明交流互鉴，加强馆际交流合作，宣传中国印刷术的发明对推动世界文明进程的贡献，应直指韩国国际庆典组委会主席、韩国清州执行市长的邀请，中国印刷博物馆代表团参加了 2018 年韩国清州直指文化节。在 2018 年 10 月 2 日召开的以印刷文化的保护与传播研讨会上，包括中国印刷博物馆在内的全球 40 多个印刷博物馆和相关机构审视印刷文化的过去和现在，并就未来发展方向进行研讨和交流。我发表了题为《印刷术启迪世界文明》的英文演讲，阐述了中国印刷术的发明发展历程，以纸、墨、雕版、活字为主的技术发明，极大地推动了人类文明的进程。中华印刷术的发明，引领和启发了世界其他地区印刷术的发展，对推进人类命运共同体起到了巨大作用。韩国的研究者也就韩国的印刷历史文化进行了多角度的介绍。可以说，印刷术是中国古代的伟大发明已经达成共识，所谓的中韩印刷术学术之争基本平息。

海印寺《八万汉文大藏经版及诸经板》，2007年6月被收录联合国教科文组织《世界记忆名录》

2018年，在韩国清州直指文化节印刷文化的保护与传播研讨会上，作者发表了《印刷术启迪世界文明》的演讲

82　身在法国的韩国国宝

　　虽说韩国人古代都用汉字，韩国的首都以前也叫汉城，但他们现在懂汉语的人并不多。但"直指"这个词可以说在韩国是家喻户晓。不过，在韩国人的认识中，这个词与中国汉语词典中的"笔直指向"意思完全不同。那么在韩国，"直指"到底是什么意思呢？

　　在韩国人的认识里，"直指"就是一本书，一本中文线装古书。而且这个词还有一层意思，就是指活字印刷。对于以汉语为母语的中国人来说实在匪夷所思。这是怎么一回事呢？它背后的故事，历时千年，跌宕起伏。

　　14 世纪的朝鲜半岛，王氏高丽后期，有一位被称为白云和尚的禅僧，历经艰辛，于 54 岁（1351 年）时来到中国湖州霞雾山，向临济宗十八代禅师石屋禅师求法。石屋禅师送给他一卷《佛祖直指心体要节》。回国后，白云和尚在海洲的安国寺和神光寺等担任住持，致力于研究佛法。在 75 岁高龄时，他汇编出两卷佛经，整理为《白云和尚抄录佛祖直指心体要节》，后人简称为《直指》。但是，作为一本佛经，其地位远不及《金刚经》《心经》等，为什么它在韩国备受重视？原来，《白云和尚抄录佛祖直指心体要节》是世界上现存最古老的金属活字印刷物。

　　在白云和尚逝世 3 年后的 1377 年，《直指》在清州兴德寺"铸字"刊行，分上、下两卷。但是流传到如今，其金属活字本仅存下卷，保存在法国国家图书馆。至于金属活字本《直指》是怎样流传到法国，又是怎样重新被韩国人发现的，其过程也颇为曲折。

1886 年，韩国与法国签订《韩法修好通商条约》。这段时期的韩国，充满了屈辱和不幸，世界列强纷纷与韩国签订通商条约并划定租界。1888 年，法国人葛林德·普兰西作为首任驻韩代理公使来到韩国汉城。十年间，他收集了许多古书，其中就包括金属活字本《直指》。此后，韩国珍稀的古书孤本，像流水一样散失世界各地，和当年中国的处境十分相似。1911 年 3 月，葛林德·普兰西在韩国收集的大部分的古书被卖到了法国国家图书馆，但是《直指》被当时著名的珠宝商亨利·弗维尔花了 180 法郎购买后收藏。1954 年，按照这个珠宝商的遗愿，《直指》被捐献给法国国家图书馆，一直留存到现在。

后来图书馆里来了一个叫朴炳善的韩国管理员，她偶然发现了金属活字本《直指》。1972 年，朴炳善将《直指》推荐给了"世界图书之年"纪念活动的组委会，从此《直指》为全世界所了解。韩国国内掀起了"直指风暴"。1992 年 3 月 17 日，清州市整修兴德寺旧貌，在此基础上修建了清州古印刷博物馆，将街道命名为"直指路"。活字印刷术成了清州市本地的金字招牌。

밀레니엄 시리즈 (네 번째 묶음)

Millennium Series Ⅳ

대한민국 정보통신부에서는 선조들의 업적을 기리고 새천년을 뜻깊게 맞이하고자 1999년부터 2001년까지 밀레니엄 시리즈를 기획 발행한다. 그 네 번째 묶음으로 고려시대의 중요한 사건·인물을 우표로 소개한다.

고려시대는 유교정치문화의 성립에 따라 능력별 관리선발제도인 과거제도가 처음 도입되었으며, 종교에서는 불교문화가 꽃을 피워 팔만대장경이라는 위대한 문화유산을 낳았다. 세계에서 처음으로 금속활자가 발명되기도 하였는데, 직지심체요절은 현존하는 세계에서 가장 오래된 금속활자본이다. 고려말에는 성리학이 도입되면서 사회와 문화 전반에 새로운 변화가 진행되는데, 안향은 성리학 도입기에 활동한 대표적 인물중의 하나이다.
이 시기에는 문익점에 의해 목화씨가 전해져 목화 재배를 통해 의생활에 커다란 변혁을 가져오는 계기를 마련하였다.

대한민국정보통신부
MINISTRY OF INFORMATION AND
COMMUNICATION REPUBLIC OF KOREA

디자인 이 혜 옥
박 은 경
김 소 정

2000 年韩国发行的千禧系列邮票

2006 年韩国发行的邮票：世界文化遗产《直指》

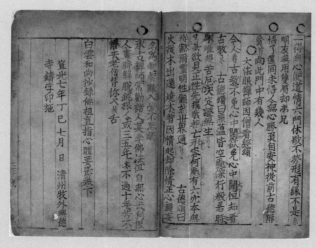

法国国家图书馆收藏的活字本《直指》

"直指"二字常常醒目地出现在各种媒体和当地的建筑物上，韩国不同文本的旅游手册及宣传品也将它作为一个重要的宣传点。除了清州古印刷博物馆，韩国很多其他的博物馆都有关于《直指》和韩国活字印刷方面的陈列。2002年，清州古印刷博物馆举办了"古活字印刷特别展"，当时的韩国总统金大中亲自参加了展览活动。韩国还将《直指》写入教科书，在小学五年级、六年级的《社会》课本中就有直指的内容和图片。

韩国通过各种途径想向法国要回这本经书，却始终无果。《直指》英文译为Jikji，尽管它并不在韩国，但依然被定为韩国国宝第1132号，并于2001年被联合国教科文组织列入《世界记忆名录》。渐渐地，"直指"成为一个使韩国人充满民族自豪感的词，代指活字印刷术。这就是《直指》的来龙去脉。

83　老挝与中国的印刷情缘

中国和老挝是山水相连的友好邻邦，两国人民自古以来和睦相处。老挝全称老挝人民民主共和国。1353年老挝首次建立起统一的国家——澜沧王国，1893年沦为法国"保护国"，1940年9月被日本占领，1945年10月12日老挝王国宣布独立，1946年法国再次入侵老挝，不久美国取而代之，1975 年老挝人民民主共和国成立。

老挝在很长一段历史时期内都没有形成统一的书面文字，因此，早期的文字遗存非常稀少。老挝最早的文献是 1512 年编纂的《坤博隆传》，是由琅勃拉邦的两位高僧用一种古老的文字，书写在棕榈叶上而得以保存至今。

在法国对老挝实行的名为保护实为殖民统治的 40 多年，老挝的文化建设几乎停滞，殖民者不发展当地的民族语言和文化。到 1945 年老挝宣布独立时，全国只有 1 所中学和 5 所四年制小学。官方文件、学生课本、大众图书都不是用老挝文印刷出版的。老挝政府以法文和老挝文出版的《老挝新闻》则是采用油印方式，每期发行量仅数百份。在偏僻贫穷的农村，当地人仍然用尖笔在棕榈叶钉成的本子上写字。老挝独立后的一段时期里，仅在万象、琅勃拉邦等主要城市有屈指可数的几家手工作坊式的小型铅印厂。老挝最早采用现代铅印印刷的华文报纸为《寮华日报》，是 1959 年在万象创刊的。

1971 年，老挝爱国战线中央委员会请求中国在其北部解放区无偿援建一个以印刷报纸、书刊为主的印刷厂，并帮

老挝僧人在刻写贝叶经

助培训专业技术人员。中国政府高度重视，并将此项目交由云南省实施。云南省抽调原云南人民印刷厂等9个单位的36名领导干部和专业技术人员，组成了"中国7102工程技术组"，自1972年10月至1974年8月，在距离中国边境约200千米的老挝乌多姆塞省省会芒赛建成了"老中友谊印刷厂"。该援建项目包含了印刷厂基建工程：车间、库房、宿舍及配套设施等；也包括了生产设备及物资：铸字机2台，铸条机1台，各字体字号老文铜模若干副，铅印平台对开机2台，四开平压机2台，四开翻箱机2台，全张、对开切纸机各1台，铁丝订书机2台，柴油发电机电台、电传接收机、机床和木工机械等修理用设备和大量的纸张、油墨等各种原材辅料。中国向老挝不仅提供了印刷物资，还全面培训了老方抽调来的40多名干部和工人，直至他们独立印出了质量较好的《老挝爱国战线报》和其他书籍刊物。在工程项目交接仪式上，老挝爱国战线中央委员会授予中国7102工程技术组"伊沙拉一级自由独立勋章"。据说该印刷厂是老挝当时最好的印刷厂。

　　这是一段美好的中老友谊的见证，见证了中国人民跨越国界的友爱和关怀。历史应当铭记，友谊定会传递。

84 巴基斯坦乌尔都文输入法的发明

巴基斯坦伊斯兰共和国简称巴基斯坦，是一个多民族国家，其中旁遮普人占 63%，信德人占 18%，帕坦人占 11%，俾路支人占 4%。95% 以上的居民信奉伊斯兰教，国语为乌尔都语。不过，虽然贵为国语，乌尔都语实在是有些命途多舛。因为实际上，在巴基斯坦，通行的语言主要还是殖民时期留下的英语。随着时光推移，英语的地位在巴基斯坦愈加重要。乌尔都语的使用率实际上很小，还不到全国人口的 10%。早期的乌尔都语出现在 8 世纪，11 世纪穆斯林建都德里时，近代乌尔都语已基本形成。在莫卧儿帝国统治期间，乌尔都语受到阿拉伯语、波斯语和突厥语的影响。2015 年，巴基斯坦最高法院颁布命令：要求政府部门将乌尔都语定为国家官方语言，全面取代英语的地位。

在计算机排版技术风靡全球的 20 世纪中叶，记录、传播甚至是分析信息逐渐被"字母键盘"取代，印刷业进入计算机排版、组版时代，铅活字印刷术开始被全世界淘汰。由于乌尔都语字母在单词的拼写中需要根据字母在词首、词中和词尾的具体位置变化书写形式，且字母高度不一，这些特点给乌尔都语输入法带来了巨大困难，从而制约了计算机本土语言化的普及。一时间，乌尔都文字同古老汉字一样，仿佛没有办法跟上科技的发展，始终无法实现信

巴基斯坦拉
合尔的印刷
公司

息化，无法进入数字化的世界，只能停留在铅活字排版印
刷阶段。如此情形发展下去，巴基斯坦的本土文字必然会
被淘汰和遗忘。

　　但巴基斯坦的学者没有气馁，更没放弃。为了让乌尔
都文跟上时代的脚步，巴基斯坦学者们付出了不懈努力。
1980 年，巴基斯坦国家科技大学学者发明了第一个由计算
机处理的乌尔都文输入法及相关设备，从此解决了乌尔都
文的现代化印刷技术瓶颈。巴基斯坦国内早在 1950 年就
成立了"卡拉奇印刷业者协会"。在此基础上，1959 年巴
基斯坦组建了全国性的印刷协会"巴基斯坦印刷和印艺工
业协会"，从属于巴基斯坦工商业联合会。在印刷协会的
支持下，乌尔都文输入法在 1990 年举办的首届巴基斯坦印
刷展览会的推动下，取得了科技成果的转化，实现了报纸
印刷的电脑排版。从此开始，巴基斯坦的乌尔都文印刷业
开启了"告别铅与火，迎来光与电"的历程。1995 年，巴

基斯坦国家语言局采用了巴基斯坦数据管理服务商（PDMS）研发的计算机输入法系统。1998 年，计算机中的乌尔都语编码系统标准化。2002 年，计算机可以辅助乌尔都语和英语进行相互翻译。随后巴基斯坦政府网站中乌尔都语网页也正式上线。巴基斯坦政府所倡导的一系列措施推动了乌尔都语的现代化进程，促进了乌尔都语与国际先进技术接轨。

进入 21 世纪，巴基斯坦的印刷业发展迅速，印刷及包装业已经成为巴基斯坦的第二大产业。

85　开创菲律宾印刷业的中国人

菲律宾共和国简称菲律宾，14 世纪建立了苏禄王国，1565 年沦为西班牙殖民地，1898 年 6 月 12 日宣布独立，同年，被美国占领后成为美国属地，第二次世界大战中被日本侵占，二战后重新沦为美国殖民地，1946 年 7 月 4 日，菲律宾共和国宣告独立。

菲律宾与中国隔海相望，两国间很早就通过航海进行贸易。大约 14 世纪，菲律宾僧侣曾把许多中国书籍带回，这些书籍包括历史、地理、统计、法律、医学、宗教等内容。西班牙人占领菲律宾后，在西班牙人的招徕之下，16 世纪下半叶开始，中国沿海一带的大批工匠奔赴菲律宾谋求

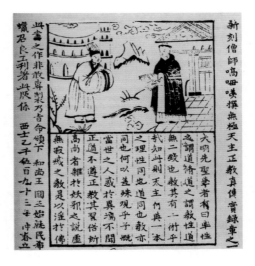

菲律宾1593年的雕版印本《无极天主正教真传实录》首页，图为天主教士与中国学者

生路。在中国工匠的带领下，马尼拉开始了雕版印书事业。这一举动加快了菲律宾发展的历史进程。明代福建的印刷水平在全国处于领先地位。

明朝政府经常将书刊印刷业务交付福建办理。随着华侨迁移，印刷术也由福建传播到菲律宾。有资料表明，菲律宾的第一个印刷工匠是来自中国福建的龚容（Keng Yong，1538—1603）。"龚容"是根据菲律宾史籍中的Keng Yong音译而来。龚容后来在马尼拉受洗礼，成为一名天主教徒，并有了教名：胡安·德·维拉。

到目前为止，现存有3本菲律宾刻印的书都印刷于16世纪末，而且都是由龚容，也就是胡安·德·维拉印刷的。这3本书分别是：1924年法国汉学家伯希和在梵蒂冈图书馆发现的中文《天主教理》；1942年法国人裴化行在西班牙国家图书馆发现的中文《无极天主正教真传实录》；1946年在意大利发现的西班牙文和泰嘉禄语的双语版的《天主教教理》，现存于美国国会图书馆。其中那两本中文书刻印于 1593 年。

中文版《天主教理》用中国绵纸，线装而成。其扉页上有 6 行西班牙文字，第 1 行就是这本书的书名《天主教理》，第 2 行是"中文版本"，第 3 行为"在中国人群中牧灵工作的神甫编译"，第 4 行为"多明戈教会"，第 5 行为"中国龚容奉命刻印"，第 6 行为"于马尼拉八连"（八连为今日的唐人街）。《无极天主正教真传实录》首页左方印有"此书之作，非敢专制，乃旨命颁下和尚王、国王，始就民希蜡（马尼拉的旧译法）召良工刊者。此版系西士乙千伍百九十三年仲春立"（原文没有标点符号）。这里清楚地表明，《无极天主正教真传实录》刻印于 1593 年春季。所以，《无极天主正教真传实录》是菲律宾本土印刷的第一本书。

龚容不仅在菲律宾开创了雕版印刷事业，还是第一个在菲律宾本土参与制造印刷机的人，开启了菲律宾印刷业的工业化进程。他和西班牙神甫西斯科·布兰卡斯·德·圣何塞于 1602 年制造出了菲律宾的第一台活字印刷机。西班牙天主教神甫阿杜阿尔特在记载教会的发展中，专门叙述了龚容在印刷事业中的功绩："胡安·德·维拉是这个群岛的第一个印刷工匠。……华人基督徒胡安·德·维拉是菲律宾活版印刷机的第一个制造者和半个发明者，他是在神甫布兰卡斯的指导下工作的。"

86 斯里兰卡的贝叶经

　　《西游记》中，唐僧去西天取经的路途充满艰险，历经九九八十一难。他取回的佛经，不仅曾掉到河里被浸湿，还曾被风刮跑。历史上也确有"唐僧"其人，他的原型是唐代高僧玄奘。7世纪，玄奘西行求佛法，请回了佛经。而这些佛经就是贝叶经。

　　贝叶是原产于印度贝多树的叶子，也称贝多叶、贝多罗叶。"贝多"是梵语 pattra 的音译，"贝叶"是梵语 pattra 音译与意译的结合。贝多树是棕榈科植物，其树叶很适合书写。在造纸技术还没有传到印度、斯里兰卡等国的时候，当地的人们以树叶做纸张。佛教徒们也用贝叶书写佛教经典和画佛像。当年玄奘从印度带回来的657卷佛经都是贝叶经。他后来在长安将它们翻译成汉文佛经。这些贝叶经大部分收藏在西安大雁塔中。往事过千年，今天大雁塔历史博物馆中的贝叶经只剩下区区几片了。洛阳白马寺也曾经藏有一部玄奘从印度取回的贝叶经，到现在也已经荡然无存。不过，中国傣族地区直到今天还有贝叶经的传承。学界普遍认为贝叶经是由斯里兰卡，再经缅甸、泰国传入中国云南省西南的傣族地区。傣族人也称贝叶为"戈兰叶"。

　　斯里兰卡是一个大多数人都信仰佛教的国家。斯里兰卡全称斯里兰卡民主社会主义共和国，旧名锡兰，在

僧伽罗语中意为"光明富饶的乐土"。斯里兰卡拥有丰富的自然文化遗产和独特迷人的文化氛围，被誉为"印度洋上的珍珠"。斯里兰卡的佛教

斯里兰卡贝叶经

是在公元前 3 世纪从印度传来的。当时印度阿育王派他的儿子到斯里兰卡岛弘扬佛教，斯里兰卡国王欣然皈依佛教。随后阿育王又派自己的女儿来岛传授比丘尼戒，并带来了菩提树。数月之内，佛法普及全国，佛教成了斯里兰卡的国教。

自释迦牟尼开创佛教以来，世代更替，佛教经典一直靠师徒相承，口口相传了差不多 4 个世纪，从未见诸文字，直到公元前 1 世纪，才形成统一文字记录。在佛教史上，第一次对佛经进行整理和校订的工作不是在佛教发源地印度进行的，而是在斯里兰卡。5 世纪，印度佛教大师觉音因为听说在斯里兰卡保存了很多失传的早期佛教经典，便开启了取经之旅，从印度渡海来到斯里兰卡。他对佛经进行了校订，并把上座部佛教三藏的僧伽罗文注释全部译成了巴利文。后来这些巴利文经书传到缅甸、泰国、柬埔寨、

老挝等佛教国家，被广大信众奉为圣典。所以说，这些国家的佛教都属于斯里兰卡法统。斯里兰卡 2000 年前的佛教明珠阿卢寺现在依然是保存佛经的圣地。这座古寺的僧人仍在孜孜不倦地刻写贝叶经，因为他们认为贝叶经比纸书保存更长久。

贝叶经的制作过程主要包括采摘贝叶、煮贝叶、洗贝叶、烘干、制匣、穿线、书写等几道复杂的工序。制作贝叶的师傅通常会在雨季来临前，采集成熟的贝多树叶，再把精心挑选的树叶进行整理，裁剪成书写所需要的长度和宽度，然后把裁剪好的贝叶扎好，一束束地放进锅里煮，煮后取出再进行晒干。为使叶子整齐平展，晒干时每一片树叶都必须夹好。最后，在每片叶子上用铁笔刻写、抹墨和涂擦。墨汁主要是用锅底灰和食用油调和的。墨汁涂抹在刻写好的贝叶上，黑里透棕的墨汁缓缓渗透到字里行间，用抹布擦去贝叶上那些多余的墨汁后，再将贝叶经进行晾晒。经过加工处理的贝叶防潮耐湿、不易磨损、防虫蛀、极易保存，用的时间越长，字迹越清晰。

贝叶经有着专属的装帧方式，即梵夹装。由于贝叶是天然树叶，不能弯曲或折叠，刻写好的贝叶经依顺序排好，形成一摞后，通常会在上下各放置一块竹片或木板保护。然后连板带经叶在其中间打一个或两个孔，再用结绳连板带经叶穿起来，余绳捆绕夹板和整个贝叶经，这样"梵夹装"

就完成了。而在发明造纸术的国度——中国，佛教典籍也有着独特的装帧形式——经折装。经折装是将一幅长卷，沿书文版面间隙，一反一正地折叠起来，形成长方形的一叠，首、末二页各加以硬纸板或木板的装订形式。从外形上看，经折装近似于后来的册页书籍，是卷轴装向册页装过渡的中间形式。

87 泰国拉玛三世开创的现代印刷业

泰王国简称泰国。泰国王室是从 1782 年起延续至今的王室。在 1932 年之前，王朝的君主是拥有专制权力的统治者。1932 年之后，泰国成为君主立宪制的国家，此后历代国王都只是国家的象征性元首。王朝的建立者是昭披耶却克里，后称拉玛一世，曾被吞武里王朝的郑信大帝封为王子（义子），故王朝的王室成员都以郑氏为王族中文姓氏，如拉玛一世名为郑华、拉玛二世名为郑佛、拉玛十世名为郑冕。

中国人称古代泰国为暹罗。1404 年明成祖朱棣命礼部大量印刷《列女传》向海外各国分发，其中就送给暹罗 100 本，引起当地人们对印刷术和中国文学作品的兴趣和向往。清代，福建、广东沿海很多中国人开展与暹罗的海上贸易，其中就包括印刷品的出口。由于华人移民日益增多，渐渐地，泰国本土兴起了雕版印刷业。不过，泰国的第一台印刷机是在拉玛三世在位的时候引进的。拉玛三世在位 27 年，他因采用对外开放政策而被后世称道，史学界将泰国现代印刷业开创之功也归于他。

19 世纪，西方传教士们前赴后继在泰国传教，但一直收效甚微。反而，一名执业医生以办医疗诊所为手段，达到了传教的目的，并创办了泰国第一家印刷所。他就是丹·比奇·布拉德利（Dan Beach Bradley，1803—1873），美国人。他于 1835 年赴暹罗传教，当时年仅 32 岁。他的工作是在美国外国使馆委员会的领导下开展的，但是之后由于教义上的争议而终止了合作。他后来爱上了泰国及其人民，为泰国的文化进步做出了巨大贡献。

1975 年，泰国发行的邮票，票面展示邮票的设计、刻版、印刷等环节

布拉德利是幸运的，幸运的是拉玛三世对西方的创新很感兴趣。布

拉德利首次将预防天花的疫苗和西方现代手术治疗方法引进泰国。疫苗的成功令他获得了国王的信任。拉玛三世将疫苗接种推广给所有官员。布拉德利还在泰国进行了第一次现代手术，并建立了麻风病治疗基地。他不断提倡改革，并引入了西方最先进的印刷技术。1835 年，布拉德利将印刷机带到了曼谷，开启了泰国的近代印刷史。一开始，因为只有英文的铅活字，印刷机只能印刷英文。要想在泰国本土进行文化传播和传教，肯定必须用泰文。所以布拉德利开发了一套泰文铅活字，这套活字的字体成为泰文第一款专用印刷字体并沿用至今。

19 世纪初，鸦片在亚洲泛滥，中国深受其害，泰国也不例外。为了禁烟，拉玛三世在 1839 年委托布拉德利印刷禁烟类传单。布拉德利用他的活字和印刷机印刷了数十万张传单。这次大规模的印刷，不仅令泰国官方感到印刷术的重要性，也在民间引发了印刷需求，极大地促进了印刷术在泰国的推广。1844 年，布拉德利创办了泰国首份英泰双语报纸《曼谷纪事报》。虽然这份报纸的经营时间很短，但是他后来创办的另一份期刊《曼谷记事》，则从 1858 年持续到 1873 年。这份期刊专门描绘和评论曼谷的生活，影响广泛。泰国古典文学作品的首次印刷也归功于布拉德利。布拉德利本人也用英泰双语著述过很多关于宗教和世俗问题的文章。

泰国印刷业的发展也促进了中国经典文本在泰国的广泛传播。泰译本中国古代历史、演义小说此时在泰国开始兴盛。1864 年泰译本《三国演义》印刷发行，1879 年《中国编年史——宋江》印刷发行。这些中国经典文学逐步与当地的文学和社会民情相结合，成为当地文化的一部分。像三国故事，对泰国人的社会生活产生了极大的影响，甚至在泰国的许多建筑彩绘上，会出现"桃园结义""三顾茅庐"的图案。

88　奥斯曼人眼中"魔鬼的发明"

传播学者哈罗德·英尼斯认为，印刷传播摧毁了口语传播的传统，用空间组织形态取代了时间组织形态，改造了宗教，使大部分传播活动私有化，形成价值观念的相对性，权威从教会移向国家，鼓励了民族主义的泛滥和猖獗。我们可以想象，即使是这样伟大的发明，也不是一开始就能被所有人接受和欢迎。在印刷机问世之后的一个多世纪里，很多人反对它。在欧洲，有无数利用印刷机传播新教的人甚至失去了生命。当然，尽管如此，印刷机与印刷所依然以迅雷不及掩耳之势兴起。但直到 15 世纪末，奥斯曼帝国的人民还是排斥它，奥斯曼帝国的作家更是将印刷机喻为"魔鬼的发明"。这是为什么呢？

奥斯曼帝国是近代伊斯兰文明最后的大帝国，也曾经是欧洲人心中一个最恐惧的、盘踞在家门口的强权巨人。奥斯曼帝国在 16 世纪勒班陀战役后，失去了在地中海的海上霸权，17 世纪末帝国的扩张陷入停滞，19 世纪帝国趋于没落。奥斯曼帝国的衰颓是一个长期而复杂的过程，其中既有帝国本身政治制度和统治者导致的经济文化衰退问题，也有西欧世界快速崛起的因素。很多学者都指出，奥斯曼帝国的人对印刷术的排斥是帝国衰落的重要原因之一。当代有很多学者致力于研究奥斯曼帝国的人为什么排斥印刷术。学者普遍认为可能主要有以下几个原因：一是印刷术影响到一部分人的生计。世界各国都有这样一批人，他们代代以抄写为生，很自然地，他们讨厌印刷机，印刷机会抢夺其生计。二是贵族们反感印刷书，认为印刷品是一种机械粗俗的东西，并且担心这会降低他们手抄本图书的价值。三是政治家及宗教界不信任它，因为印刷品的广泛传播可能成为革命思想的利器。四是印刷商可以任意复制他人的图书，印刷机会结束特权阶层学习的专利及对教育的控制。

除了以上四个曾在世界各国普遍存在的原因，对于奥斯曼帝国的人来说，还有以下两个独特的因素。

一是与书法有关。阿拉伯书法的艺术风格多样，其字母就有实心、空心两种写法，此外还有宽有窄，十分讲究书法布局。其实，奥斯曼帝国的人最排斥的并不完全是印刷术，而是铅活字印刷机。因为雕版印刷术对于书法印刷不是问题。而铅活字在早期只有一两种标准字体，对于热爱书法的奥斯曼帝国的人来说是无法接受的。

此外还有一个重要的原因就是铅活字印刷技术是由欧洲人发明的。在15世纪，西方的建筑、绘画、家具、用品等都被奥斯曼帝国看成是异端邪物，谁企图引进它们就是背弃祖宗。15世纪末，欧洲出现了不定期印刷的新闻小册子，报道战争、新大陆的发现、自然灾害、宗教动态等重大消息。1482年发行于德国奥格斯堡的《土耳其侵犯欧洲新闻》，对于奥斯曼帝国的人来说，确实是魔鬼，其中的描述充满了"偏见"。所以当时的铅活字印刷机也被奥斯曼帝国的人视为"魔鬼的发明"。

1493年，塞法迪犹太人从西班牙宗教裁判所逃出后移

2013年，在土耳其伊斯坦布尔国际书展上，土耳其青少年体验中国主宾国活动的雕版印刷术

居到奥斯曼帝国，引入印刷机。犹太难民请求准许开办印刷所。当时的巴耶济德二世批准了这一请求，但只允许犹太人印刷希伯来文字和欧洲文字，不得印刷土耳其文字和阿拉伯文字。原因是伊斯兰的经典只可用手抄，否则就是亵渎神圣。巴耶济德二世其实是一位文治武功了得的君主，却因为不喜欢印刷术，而在青史上留下了"污点"，常常被当作阻碍印刷术发展与传播的代表人物。从某种角度讲，奥斯曼帝国就这样轻易地错失了知识革命的机遇，而让其欧洲对手在知识传播的大道上稳稳地走在了前面。他的这个禁令一直到18世纪才解除。1727年，伊斯坦布尔出现了由易卜拉欣·穆特法利卡（Ibrahim Muteferrika，1674—1745）开设的第一家土耳其文印刷所。

第一家土耳其文印刷所纪念邮票

89　中国发明印刷术

关于印刷术的发明，首先有一些问题值得思考。为什么是中国首先发明了印刷术？为什么不是美国或欧洲呢？

印刷术是一项集大成的工艺技术，它是社会的政治、经济、文化等发展到一定水平的必然产物。印刷术的发明经历了漫长的积累，包括：以文字的发明和推广为代表的文化基础，以纸张的发明为代表的物质前提，以拓印为代表的技术准备，以大众阅读为代表的社会需求。

在文明诸要素中，文字的产生是最重要的标志。文字产生之前，结绳记事是早期记事常用的方法。先民大事结大结，小事结小结。人们把传说中的仓颉奉为汉字的创造者。学界普遍认为，汉字是经历了象形符号的逐渐演变而发展成熟的。汉字只是世界上最古老的文字之一。其他的文明古国也有其独特的文字，比如古埃及的象形文字、苏美尔的楔形文字、古印度的印章文字。但是它们并没有传承下来。只有汉字在甲骨文之后，经历了金文、大篆、小篆、隶书，至楷书时字体已基本定型。所以世界上只有中国人在阅读两三千年前祖先的文字时没有障碍。

世界各地的人们曾使用过泥板、羊皮记事。埃及人用莎草茎切片编排后经重压而制成莎草纸，印度人用贝多树叶子写字，中国人曾使用丝绸、木牍、竹简书写。但所有这些书写材料，都有诸多局限性。105 年，蔡伦（约 62—121）发明了价格低廉、工艺简单、方便实用、平整光洁、真正意义上的纸张。纸因而成为理想的文字载体，逐渐得到推广，使记录知识、传播知识的工具实现了根本性的变革。纸张不仅是印刷术的重要材料，而且，因纸张的发明而引

甲骨文碎片

发的文化需求成了催生印刷术的重要动力。

拓印在中国古代是一项重要的复制技术，拓本也是中国古籍中重要的一支。拓印技术是中国古代独有的发明，可以说是雕版印刷术的雏形。世界上的其他文明古国都有刻石记事的传统，但只有中国人发明了拓印技艺，主要原因包括：一是其他文明古国没有发明造纸术，更没有生产薄且有韧性的纸张的能力；二是其他古文明没有中国人对书法艺术的执着追求。

东汉熹平四年（175），蔡邕主持将儒家经典刻在石碑上，作为学子学习的范本，这就是著名的熹平石经。伴随着石刻经典的兴盛，拓印技术也发展起来了。大多数人认为，拓印始于熹平石经。一般来说，拓印指的是在石碑上拓印碑文，实际上，拓印并非专指碑拓。人们在传拓碑文的启示下，也会把需要拓印复制的文字刻在木板上，制成印版，然后再在木印版上进行拓印。杜甫有"峄山之碑野火焚，枣木传刻肥失真"的诗句，就记述了在木板上雕刻文字，制成木刻印版，然后在木印版上进行传拓的史实。用枣木翻刻古代名碑与用枣木雕印书籍比较，虽有阴文、

《纸店图》，摘自
《中华造纸艺术画
谱》。此书根据乾
隆时法国耶稣会士
蒋友仁在中国的记
录资料编辑而成。
该书通过27幅水
粉画描绘了竹纸的
制造工艺流程，于
1775年在法国出版

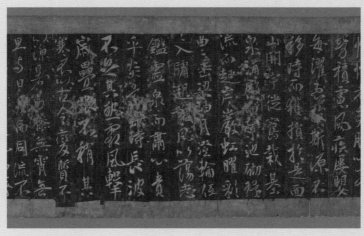

《温泉铭》纸拓本局部，敦煌藏经洞出土，唐永徽四年（653）以前所拓，
现藏于法国巴黎图书馆

阳文之异，但其原理有很多相似之处。

发明都是为需求而生。如果没有需求这股"东风"，哪怕"万事俱备"，也结不出发明的硕果。随着南北朝混乱局面的结束，隋唐大一统局面形成，中国进入了一个长期、持续的发展时期，社会阅读需求逐渐形成。隋唐时期，大众阅读需求主要来自三个方面：一、民间对占梦相宅、医书历书的阅读需求；二、由于佛教、道教传播兴盛，导致人们对经文、经像的阅读需求；三、由于科举制的产生与发展，教育逐渐普及，人们对字书学习、儒家经典的阅读需求。

在文化基础、物质材料、工艺技术都成熟完备之后，隋唐时期，在社会大众阅读需求的刺激下，雕版印刷术得以发明。人类社会从此淘汰了笨重的竹简书、昂贵的帛书，告别了手抄本书，开启了规范、轻便、快捷的纸质书时代。人们说的"文明之母"——印刷术，指的是雕版印刷术，而不是活字印刷术。雕版印刷术的发明和推广，降低了书籍的成本，提高了书籍的生产效率，加速了知识的传播，推动了文明的进程。在人类历史上，雕版印刷术应用了1000多年。因此，它是迄今为止人类文化传播技术中占据主流地位时间最长、生命力最强的一种文化传播技术。

90 毕昇发明活字印刷术

活字印刷术的发明是继雕版印刷术之后，中国古代印刷史上的第二个里程碑。活字印刷是用木料、金属或黏土等材料制成一个个字钉（即活字），通过拣字排版，拼成一块印版，然后在其上施墨印刷。沈括《梦溪笔谈》曾记载北宋庆历年间，布衣毕昇发明活字版，并详细介绍了毕昇的活字版工艺。

根据沈括的记载，11 世纪时的活字印刷已经有了完整的工艺流程，主要包括：

1. 制字：用胶泥刻字。一字一印，用火烧使其坚固，实际上已是陶质活字。

2. 置范：先备一块铁板，上面放置一块铁制框，框内铺上一层由松香、蜡和纸灰组成的混合物。

3. 排版：在版上紧密排布活字，铺满铁框为一版。

4. 固版：用火给铁板加热，使混合物软化，再用一块平板压字面，保证字面平整，活字牢固。

5. 印刷：固版后就可上墨铺纸印刷了。通常人们会同时使用两块版，一块印刷时，另一块排版，一块印完时，另一块也已排好版，这样能提高效率。

6. 拆版：印完后再次用火给铁板加热，使混合物变软，取下活字。

7. 贮字：将取下的活字贮存于木格字库中，备下次再用。

宋代爱国诗人邓肃在《和谢吏部铁字韵三十四首·纪德十一首·结交要在相知耳》一诗中写道："脱腕供人嗟未能，安得毕昇二板铁。"是说他的好友诗写得好，新诗出来以后人们争相传抄，"手腕都抄断了"也还是供

毕昇画像，袁武绘

不应求，如果要是有毕昇的两块印刷铁板该有多好。

1193 年，南宋的周必大在给友人程元成的信中说："近见沈存中法，以胶泥铜版，移换摹印，今日偶成《玉堂杂记》二十八事。"这里的"沈存中法"，指的就是沈括记载的毕昇的活字印刷法。

活字印刷术的发明，在印刷史上有着划时代的伟大意义，毕昇发明的活字印刷工艺本身已相当成熟，后世出现的木活字、锡活字、铜活字、铅活字等，只是在制作活字的材质上的改变，印刷原理并无实质性变化。

据考古发现，丝绸之路沿线已经有 13—14 世纪的活字实物。早在 20 世纪末，甘肃敦煌就出土了近千枚回鹘文木活字。1988 年，甘肃亥母洞寺遗址发现了西夏文佛经《维摩诘所说经》，经考证，它不仅是 12—13 世纪的活字印刷品，而且还是泥活字印刷品。1991 年，宁夏贺兰县拜寺沟西夏方塔中又发现了西夏文佛经《吉祥遍至口合本续》9 册，是 12—13 世纪的木活字印本。这两件活字印刷品，在中国古代印刷发展史上具有重要意义。

文献结合实物都证明，中国自 11 世纪以来，活字印刷术绵延应用，不断创新。中国传统的活字印刷术的发展贯穿宋、元、明、清四个朝代，并不断向东、向西传播，对中华文明的传承传播及人类文明的进步起到了巨大的推动作用。

91　现存最早的活字印本

活字印刷术的发明意义重大。东西方都有国家声称自己是活字印刷术的发明国，中国文献记载虽言之凿凿，很长一段时间里却苦于无实物证据。

1908 年至 1909 年，俄罗斯探险家科兹洛夫在内蒙古额济纳旗黑水城挖掘出土大量文物，在一个"辉煌舍利塔"出土了 2000 册印本和西夏时期的文献。中国社会科学院专家史金波于 20 世纪 90 年代，在研究俄藏黑水城出土的西夏文献工作过程中，曾 3 次到俄罗斯圣彼得堡考察，发现了《维摩诘所说经》《大乘百法明镜诘集》《三代相照言文集》《德行集》等十几种活字印本。

俄藏《维摩诘所说经》有手抄本、雕版印本、活字印本。其中的活字印本有两个版本。活字印刷特征均十分典型，主要表现为：一是活字印本同一页面中字形大小不一，字

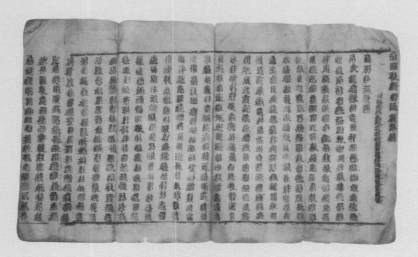

现存最早的泥活字本《维摩诘所说经》

现存最早的泥活字本《维摩诘所说经》局部

体肥瘦不同，笔画粗细不一。二是活字印刷有的字形歪斜，字与字之间距离不等、高低不平，印刷出来的页面有的字边缘有印痕。三是字与字之间距离较大，不存在字与字有撇捺等笔画相连的现象。四是活字印刷版心的四边栏线，有的交角处不相接，有明显空缺；有的栏线过长，超出应该相交的栏线；有的栏线中间断开，上下粗细不一。

仔细观察《维摩诘所说经》的印面，还有一些与木活字印刷不同的特征，如泥活字由于有烧制过程容易出现竖不垂直、横不连贯、中间断裂的现象，有的单字字面半隐半现，有的字甚至还有明显掉边角、断笔画的特点，总的来说，泥活字印出来的字比木活字看起来更圆润。因此，西夏文《维摩诘所说经》被认为是泥活字版本。

《维摩诘所说经》卷中印有西夏仁宗尊号题款"奉天显道耀武宣文神谋睿智制义去邪醇睦懿恭"，学者断定其印制年代为西夏仁宗大庆二年（1141），为中国现存最早，也是世界最早的泥活字印本实物。千古争议事，一纸定乾坤。

1988 年，漂泊在俄罗斯的黑水城《维摩诘所说经》又有了"亲人"问世。这一年，甘肃亥母洞寺遗址发现了西夏文泥活字印本佛经《维摩诘所说经》，经专家鉴定，它跟黑水城的《维摩诘所说经》同族同宗。这件世界最早的泥活字印本终于解了印刷术故乡人一千年的"乡愁"——它被珍藏在中国印刷博物馆武威分馆。

92 最早的出版许可证

古代日本的历史是由汉文典籍记录的。古代日本一直受到中国的影响，以中国的制度和文化为榜样。唐代诗人白居易（772—846）在古代日本特别受追捧。可以说，对日本汉文学乃至日本古代文学影响最大的中国诗人就是白居易。

今天，我们仍不知道白居易文集第一次刊印的确切时间，目前有据可查的记录是 1037 年。日本国立公文书馆是日本国家级档案馆，其内阁文库藏有 2 函 10 册《管见抄》，该书抄于日本永仁三年（1295）。其第 10 册的最后，完整地抄录了当时杭州详定所颁发的准印牒文，即官方出版许可证。这个出版记录清楚地记载了《白氏文集》于北宋景祐四年（1037）正式出版。这个记录太珍贵了，它不仅是白居易文集在北宋时期最早的印本记录，而且反映了北宋时期的出版制度，包括出版规范、申报、审查、准印流程。

这份"许可证"牒文如下：

详定所

准景祐四年正月十六日

转运司牒准

礼部贡院牒准

敕命指挥毁弃淫伪浮浅俚曲秽辞并

近年及第进士一时程试文字不可行用者除已追取印板
当官毁弃外有白氏文集一部七十二卷可以印行今于元印板
　　后录略
　　详定牒制照会施行者
　　详定官将仕郎守杭州司法参军李臧
　　详定官朝奉郎试秘书省校书郎权杭州观察推官毕京
　　重详定朝奉郎太常博士通判杭州军州
　　兼劝农同盟市舶司事林冀

《详定条制》为北宋文集印刷出版审查制度，始于真宗大中祥符二年（1009）。这年正月，《诚约属辞浮艳令欲雕印文集转运使选文士看详诏》颁布："仍闻别集众弊，镂板已多。傥许攻乎异端，则亦误于后学。式资诲诱，宜有甄明。今后属文之士，有辞涉浮华，玷于名教者必加朝典，庶复素风。其古今文集，可以垂范，欲雕印者，委本路转运使选部内文士看详，可者即印本以闻。"该诏令原是针对杨亿等酬唱《宣曲》诗而发。《续资治通鉴长编》卷七十一记载，御史中丞王嗣宗状告杨亿、钱惟演、刘筠这三位"大咖"唱和的《宣曲》诗"述前代掖庭事，词涉浮靡"。真宗于是下诏告诫学者，谴责文辞浮靡者，同时下令今后"雕印文集"，须由转运使委派部内官员"看详"，审查通过后方可印行。这是有文献记载可查的北宋最早的一份文集雕印审查诏令。

仁宗时期，曾多次重申文集出版的详定制度。牒，相当于现在的官方批复。《宋会要辑稿》中辑录的宋代各个时期政府对禁书的命令，总的来说是针对以下三方面：

一是对凡涉及边防、军事、国家机密、时政的图书、文字，严禁刻印、流传。这类禁令从北宋到南宋从未终止过。北宋仁宗天圣五年（1027）、仁宗康定元年（1040）、神宗熙宁二年（1069）、徽宗大观二年（1108）都曾颁布。南宋光宗、宁宗等朝仍不断颁布。两宋自建国至灭亡，始终与北方少数民族处于紧张、对立、时战时和的状态。时刻防范着辽、西夏、金、蒙古等少数民族政权的侵扰，故对于所谓有碍国家边机、军事，议论朝政的文字、书籍禁印、禁卖，并施加惩处。

二是对违背儒学经义，宣传"异端"的书籍，严禁刻印、流传。宋代统治者崇尚儒学，皇帝亲作《崇儒术论》刻石立于国子监。儒家经典著作一直是士子读书做官的利禄之桥，也是政府治理内政所遵循的道德思想准则。从太祖时即诏诸州府置司寇参军，以进士、明经者担任，并诏诗、书、易三经学究，以三经、三传资叙入官。凡违背经义，宣传"异端"之文字、图籍，严禁刻印、流传。

三是对凡不符合正统释、道教义，利用"邪说"制造舆论鼓动人民推翻宋王朝政权的书籍，严禁刻印、流传。这类禁令的颁布，主要集中在北宋后期。当时社会阶级矛盾日益尖锐，不断出现的农民起义，从根本上动摇了宋王朝的统治。所以，对于那些利用宗教制造舆论、鼓动民心

日本国立公文书馆内阁文库藏1295年抄本《管见抄》

的，且没有被列入佛藏的宗教书籍，自然要严禁刻印、流通。

日本《管见抄》所抄写的《白氏文集》，可能是客死杭州的日本天台宗僧寂照的弟子带回日本的印本。有幸保存下来的这篇准印牒文，为人们了解北宋文集出版

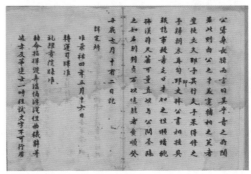

日本国立公文书馆内阁文库藏1295年抄本《管见抄》

日本国立公文书馆内阁文库藏1295年抄本《管见抄》中的《白氏文准印牒文》

的运作流程提供了完整的历史信息：州设图书详定所，详定所委派州官中文士二人为详定官、一人为重详定官。详定官初审后再请重详定官详定，然后牒请转运司呈礼部贡院，最终由礼部贡院审定后下达"敕命指挥"，经

转运司传至详定所，详定所再行文给印书业者"照会施行"，准印牒文须附在书后。这一系列规定，与今天的出版制度异曲同工。

93 现存最早的版权声明

"眉山程舍人宅刊行，已申上司不许覆板。"这一方只有 16 个字的牌记便是中国书籍出版史上最早的版权宣示，弥足珍贵。这方牌记来自宋版书——《东都事略》。该书是一部纪传体的北宋史。此书最早的印本为南宋光宗绍熙年间四川眉山的雕版印本，纸如莹玉，字大如钱，点墨如漆。

雕版印刷术在唐代开始推广，相应地，盗版活动在唐代也开始出现。文宗时期的东川节度使冯宿在任职期间，曾给皇帝上表请奏："准敕禁断印历日版。剑南两川及淮南道，皆以版印历日鬻于市。每岁司天台未奏颁下新历，其印历已满天下……"因为唐代的历书都是由钦天监逐年发布的，但是随着印刷术在民间的推广，官方还没发布，盗版历书已经在泛滥了。朝廷对此事也很重视，立刻下令禁毁缉拿盗版。

宋代出版业发达，所以盗版现象就更严重了。尤其是苏轼这样的文坛超级偶像，更为盗版的事情感到头疼。苏轼曾给朋友陈传道写信说：

"某方病市人逐利，好刊某拙文，欲毁其板，

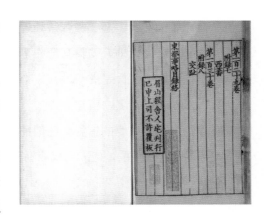

宋刻本《东都事略》版权页，收藏于台北市立图书馆

矧欲更令人刊耶！……今所示者，不唯有脱误，其间亦有他人文也。"书被盗版，粗制滥造，脱字漏字，还把其他人的文字掺杂进来，气得苏轼恨不得亲自去毁版。更有甚者，连政府公务员用书都敢盗版。北宋庆历年间杭州曾经出过一个案子，有一个官员居然把刑法全书《刑统律疏》改了个名，叫《金科正义》，然后偷偷刻版售卖。还曾有盗版书商把主意打到了"圣人"朱熹头上。朱熹曾经写过一本《论孟解》，结果被建阳书商盗了版。朱熹特别郁闷，给朋友写信说："《论孟解》乃为建阳众人不相关白而辄刊行，方此追毁，然闻鬻书者已持其本四出矣。"语气里充满了深深的无奈。好在宋代官府在版权保护方面颇有作为，很快捉住了建阳的盗版商，毁掉了盗版，之后官方规定只许朱家自己翻印刻版。

宋代就有了官府备案，禁止翻刻的事例，对盗版的打击相当给力。罗璧《识遗》一书说："宋兴，治平以前，犹禁擅镂，必须申请国子监……"没有经过申请而"擅镂"，

就是私自刻版或盗版，是要被依法处理的。而且，除国子监刻印的一般经书之外，"新刊行文字"必须先将副本呈送官府看样。这一方面是进行内容审查，另一方面也可以防止有人以刻新书为名，行盗版之实。除了官府干涉，书商也有保护自己出版物的措施。他们把自己的出版物向政府备案，以示合法地位，他人无权翻刻。

印在《东都事略》中的 16 个字牌记也证明了：中国是印刷出版起源的国家，也是世界上最早施行版权保护的国家。

94　活字印刷大发明"转轮排字盘"

中国安徽省宣城市旌德县有个声名不显的版书镇，辖 6 个村。版书镇是旌德的南大门，曾是古旌绩驿道必经之地，交通十分便利。

单从地名上说，"版书"就蕴含着无穷的文化意韵。对于"版书"地名的来历，民间曾流传着这么一种说法：镇上当年有一对兄弟，哥哥在竹签上刻出文字、图案，弟弟用锅底灰和水做成"印泥"，然后将竹签蘸上"印泥"印在纸上，文字图案便昭然显示，且可成批印制。这种原始的印刷技术，不经意间引出了"版书"这个地名。

据考证，元代时这里种植了很多乌桕树，乌桕树树干是雕刻印版的优良材料。所以"版书"地名的由来有两种可能：第一种，很多人误将"柏"字念成"柏"，因而柏树成了柏树，俗称板树，后板树也就雅化为版书了；第二种，这里是元代农学家王祯（1271—1368）造木活字印书的地方，后人为了纪念这一伟大创举，将这个古色古香的称谓"版书"定格在历史的画册上。

王祯是山东东平县人，元代农学家及活版印刷术的改进者。他当了6年的旌德县令，政仁民惠，功绩卓著，"旌德之民利赖而颂歌之"。除注重以农治县、撰写《农书》外，他还改进了活版印刷术。

王祯深感传统刻版费工费时又费料，泥活字不尽如人意，于是决计加以改进。经过与刻工共同研究，两年后成功设计出"活字板韵轮"，制作了3万余枚木活字摆放在大轮盘中。王祯说："盖以人寻字则难，以字就人则易，此转轮之法，不劳力而坐致。"他们将木活字依韵排列于转轮排字架上，排版时转动轮盘，不用人去四处找字，人只需坐在那里转轮取字，省时省力。活字的关键在于"活"，所谓"活"就体现在印前——排版这道工序中。大德二年（1298），王祯首次采用这种木活字排印由其主编的6万余字的《旌德县志》，"不出一月，百部齐成"。王祯将木活字创制法及拣字排版的工艺写成《造活字印书法》，附载于《农书》之末——这是世界上最早系统叙述活字印刷术的文献。

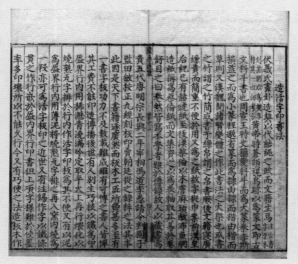

王祯著《农书》附《造活字印书法》，明刻本

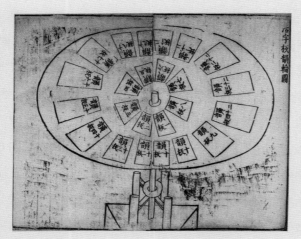

《农书》中的活字板韵轮图

木活字被誉为可以地老天荒的字。的确，木活字的应用已经历近千年的实践，从未退出过历史舞台，是活态的非物质文化遗产。2015年王祯被列入造纸工业世界名人堂。

95 "世界记忆遗产"之《黄帝内经》

世界记忆遗产项目是联合国教科文组织于1992年启动的文献保护项目，也是世界文化遗产项目的延伸，旨在抢救世界范围内正在逐渐老化、损毁和消失的文献记录。

2011年，《黄帝内经》入选《世界记忆名录》。

《黄帝内经》分为《素问》和《灵枢》两部分。《素问》9卷81篇，内容广博而深奥，具有比较完整的中医基本理论体系。汉以后，《素问》独立成书。《素问》流传至今多为注本，最早作注者为南北朝人全元起。可惜的是，在全元起的时代，《素问》已经散佚1卷，故《新唐书·艺文志》著录"《素问》全元起注八卷"。全氏注本在南宋时便已失传。唐代宗宝应元年（762），王冰在全氏注本的基础上，重新整理、注释、补缀、编次，历时12年而成书。王冰注本《黄帝内经》24卷，计81篇，得以流传后世。宋仁宗嘉祐年间，校正医书局林亿、高保衡等人奉命对王冰注本《素问》加以校勘，并由政府刊印颁行，其规模之大、质量之优，前所未有，故被历代医家视若珍宝，也成为后世《素问》各种版本之祖本。

《灵枢》又称《灵枢经》，早期为9卷81篇，又称为《九卷》。晋皇甫谧又称之为《针经》，再后又有《九虚》《九灵》《黄帝针经》等名。《针经》在北宋初年已佚，当时只存有《灵枢》。到了宋哲宗元祐八年（1093），高丽献医书，里面有一部9卷的《黄帝针经》，皇帝下诏颁布天下，然后中国才又有了一部完整的《针经》。《宋史》载："元祐八年正月庚子，诏颁高丽所献《黄帝针经》于天下。"现今的《灵枢》即为高丽所献《黄帝针经》的版本。

《黄帝内经》现存最早的印本是金代刻印的残本，存11卷。然而，入选《世界记忆名录》的《黄帝内经》并不是现存最早的金印本，而是元顺帝至元五年（1339）胡氏古林堂印本，是中国国家图书馆所藏众多版本《黄帝内经》中的精品，也是目前存世版本中保存最完整的早期版本。

《黄帝内经》

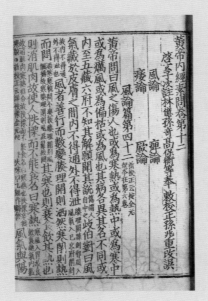

《黄帝内经》金印本

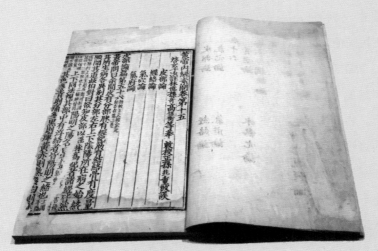

元顺帝至元五年（1339），胡氏古林堂刊《黄帝内经》，现藏于中国国家图书馆

96 千年前的书籍装帧艺术"蝴蝶装"

唐代是中国图书文化的大繁荣时期，也是成书方式和书籍装帧的大变革时期。雕版印刷术发明之前的书籍多以抄写为主，以卷轴装居多。雕版印刷术发明之后，大批文人队伍形成、大量著述出现，促进了图书事业的蓬勃发展，也促使书籍装帧向着便于翻阅、便于保存的形式改变。在书籍的装帧形式上，卷轴装已经不能满足人们的阅读需求，装帧工艺亟待创新，于是经折装和旋风装出现了。这些革新的趋势，为蝴蝶装的出现创造了条件，也为它的不断发展和进一步完善奠定了基础。分藏于法国、英国等地的敦煌遗书中，就有几种唐晚期蝴蝶装的例子。它们一方面展示出蝴蝶装形成初期的一些特征，另一方面还说明唐代蝴蝶装不仅已在汉族地区民间使用，而且也被西部少数民族所吸收。

蝴蝶装的装帧方法现在所见有两种：一种是将每张印好的书页以版心为中缝线，将印有文字的一面向内对折。将所有的书页折叠好以后，按照顺序将每一页背面的边缘与下一页书页的边缘用胶逐页粘住。这种蝴蝶装在翻看时看不到空白的纸背。从外表看很像经折装。另外一种则是将对折之后的书页的中缝处，逐页用胶粘连，从现存实物来看这种方式较少见。蝴蝶装从外表看很像现在的平装书，打开时版心好像蝴蝶的身躯，书页恰似蝴蝶的两翼向两边张开，仿佛蝴蝶展翅飞翔，故称"蝴

南宋刘松年绘《秋窗读书图》局部，可见能够平摊开的蝴蝶装宋版书的轮廓

南宋刘松年《山馆读书图》局部，可见能够平摊开的蝴蝶装宋版书页

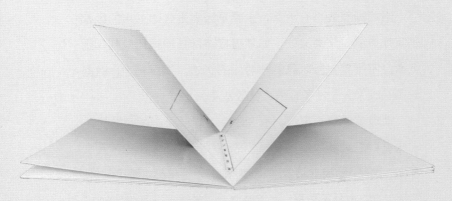

蝴蝶装，每一页都能 180 度展开，中缝连续完整

蝶装"。蝴蝶装适应了一版一页的特点，并且文字朝里，版心集于书脊，有利于保护版框以内的文字；空白的四边朝外，即使磨损了也不至于伤害框内文字。这就是蝴蝶装广泛流行于宋、辽、西夏、金、元的根本原因。

蝴蝶装主要有两个优点：一是阅读蝴蝶装的书籍可以解放双手。因为它没有完全缝合或者全部粘连的书脊，所以它能够180度地展开书页，平摊在桌面，不像卷轴装或者线装，包括现代多数书籍，需要手扶着书页或者用书签、镇纸一类的辅助阅读。二是因为蝴蝶装正文向内，每翻开一页，是一个整版面，也就是两页同时完整呈现，如果彩图设计在版中间也能完整呈现。不像现在的图书，中缝由于胶粘和锁线，无法全部展开，如果将图片设计在中缝处，翻开时，展不开的中缝会遮挡中间的图文。而蝴蝶装的书打开后，可以展现完整画面。

当然蝴蝶装也有缺点，主要是因为古代印书用的纸都是宣纸类的，又薄又软，如果直接将两张印纸用胶粘，则纸面会不平整，所以只能粘两侧的页边。页页粘连，时间长了，胶失去黏性了，书页就散乱了。

蝴蝶装成熟于宋代。当今被奉为"一页一两黄金"的宋版书，绝大多数都是蝴蝶装的装帧形式。《明史·艺文志序》说："秘阁书籍皆宋、元所遗，无不精美。装用倒折，四周外向，虫鼠不能损。迄流贼之乱，宋刻元镌胥归残缺。"这些典籍"装用倒折，四周外向"，就是对蝴蝶装的形象

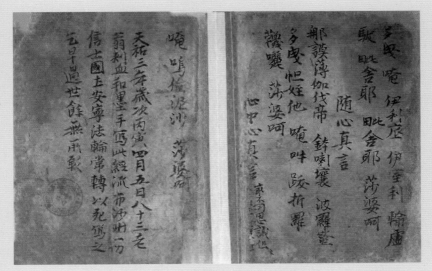

敦煌出土唐天祐三年（906），83岁老翁刺血和墨写《金刚经》，早期蝴蝶装

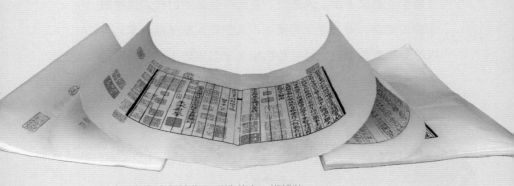

《唐女郎鱼玄机诗集》再造善本，蝴蝶装

描绘。但宋代的蝴蝶装本子早已散开，所以我们在图书馆看到的宋版几乎都是线装书，那是因为后人对它们进行了改装。

历史轮回，俯仰千年。是不是很令人意外？大型地图册、影楼相册、高档菜谱、童书绘本、立体书等高端书籍纷纷开始采用蝴蝶装。不过，很多人并没有意识到，这种装帧方式在 1000 多年前的中国就已经流行过。甚至很多人认为这种装帧是新颖且奇特的艺术形式。古老的蝴蝶装竟然在当代焕发了新生。千年前的蝴蝶装书籍是黑白双色蝴蝶，现代蝴蝶装书籍是斑斓绚丽的花蝴蝶。

为什么会出现这样的装帧复古潮流？一是因为工业化的背景下，纸张成本相对低；二是因为机械化装订工艺中，整页胶粘方便快捷；三是因为蝴蝶装是唯一一种能 180 度展开的装帧方式，阅读时，可以解放双手，无须手眼并用；第四，也是最重要的，蝴蝶装的书籍相对的两个页面中间可以实现图文连续、无断缝。在当今的读图时代，这是最大的闪光点。因为这个闪光点，人们可以忍受高成本，可以忍受超厚的书页（经胶粘后相当于双层纸），甚至可以不考虑多年后会不会开胶的问题。

《欢乐中国年》绘本立体书

97 铜活字《古今图书集成》

仅就金属活字而言，中国古代铜活字应用较多。在明代弘治和正德年间（1488—1521），江苏的苏州、无锡、常州、南京一带就有不少书坊制造铜活字来印书，其中最负盛名的是无锡的华家和安家，他们用铜活字印的书数量最多，也有印本流传下来。华家以华燧（1439—1513）最为有名。华燧自认为对铜活字"会而通矣"，故名其室为"会通馆"。他制成的一副铜活字，名为"会通馆铜版"。大约在1490年，他第一次试印了《宋诸臣奏议》大小两种字体的版本。这是我国现存最早的金属活字印本，因而也特别为人们所珍视。从1490年至1516年的近30年间，华家共用铜活字排印了约24种书，1500多卷。安国是一个大地主大商人。他印的书籍，称为"安国活字铜版"，又因为他家种有大量桂花，所以他印的书大多有"锡山安桂坡馆"的标识。安国从1521年至1534年印刷了至少10种著作，有地方志、水利通志、文集和两种大部类书，

会通馆铜活字本《宋诸臣奏议》

均以印刷精美、校勘严谨著称。总之，铜活字在明代已经得到了成熟应用。

《古今图书集成》原名《古今图书汇编》，是清康熙朝福建侯官人陈梦雷（1650—1741）根据"协一堂"藏书和家藏15000多卷典籍编撰而成的大型类书。康熙御览后赐书名《古今图书集成》。

该书正像它的书名一样，集古今图书之大成，古代社会的天文地理、人伦规范、文史哲学、自然艺术、经济政治、教育科举、农桑渔牧、医药良方、百家考工等领域无所不包，图文并茂，资料丰富。作为我国现存最大的一部类书，《古今图书集成》傲视古今中外。可以说，《古今图书集成》是对我国传统学术文化的一次系统整合，是18世纪的中国乃至世界最大的一部"百科全书"。该书成书后，又出现了美查本、同文本、中华本等多种版本。

雍正四年（1726），《古今图书集成》第一次用铜活字排印，两年完成，这是初版，共印了64部，称"铜字版"。正书1万卷，目录40卷，分订5020册，装522函。印本用开化纸和太史连纸印制，印刷精良，装潢富丽，人称"殿本"。铜字版印本稀少，在当时即为珍籍。内府分藏文渊阁、乾清宫各1部，皇极殿2部。此外，翰林院宝善亭获赐1部，七阁亦各有1部。因朝廷修《四库全书》进呈图书较多的藏书家，均被奖赏《古今图书集成》1部。

国内现存殿版铜活字《古今图书集成》全帙超过10

铜活字类书《古
今图书集成》

《古今图书集
成》书影

部，中国国家图书馆、中国中医科学院图书馆、甘肃省图书馆、徐州市图书馆、湘潭大学图书馆、南京博物院、台北故宫博物院等单位均有收藏。其中，台北故宫博物院合计藏有三部完整殿版《古今图书集成》。《古今图书集成》第一版以宫廷书问世，一般人很难看到，但作为朝廷馈赠佳品却很早就流布到英、美等国。铜活字版《古今图书集成》在美国的哥伦比亚大学东亚图书馆、哈佛大学哈佛燕京图书馆、耶鲁大学东亚藏书室、达特茅斯学院东方藏书室、美国国会图书馆亚洲部，英国的大英博物馆、剑桥大学图书馆等图书馆均有收藏，法国、德国也各有 1 部。

包罗万象的《古今图书集成》无论是在国内还是在国外，均显示出资料宝库的魅力。它是国外汉学研究者的手中之宝，为所流布之国的汉学研究开启了广泛的空间。《中国科学技术史》的作者李约瑟曾说过："我们经常查阅的最大的百科全书是《图书集成》……它是一件无上珍贵的礼物。"

98 长征路上的"号角"——《红星》报

每个中国人都知道，长征是壮烈的。

血染湘江，8.6 万人的队伍锐减至 3 万余人。激战过后，湘江水由清变红，当地百姓"三年不饮湘江水，十年不食湘江鱼"。那是怎样的惨烈！

1934年10月，在于都河惨淡的星光下，在军民惜别的泪光里，成群结队的骡、马驮起了铅印机、铅活字、弹药箱、兵工厂机器设备、造币厂主机等走向于都河，试探着踏上新搭建的咯吱咯吱响的浮桥。数千名挑夫踩着桥面上的星光，用黝黑的脊梁，挑起枪支、弹药、梭镖、大刀、盐巴、药品、文件袋、新打的秋粮，还有当时看来不舍得扔掉的东西。新生的中华苏维埃共和国就这样告别了于都河畔的乡亲们，踏上漫漫征途。

长征初期，笨重的物资全部携带上路，红军的战略转移变成了根据地"大搬家"，部队行动缓慢，伤亡惨重。面对天上敌机的狂轰滥炸、地上敌兵的围追堵截，大批军工战士为保护军工生产设备而牺牲。经历了惨痛的教训，1934年12月4日，中央革命军事委员会发布《中革军委关于后方机关和直属队进行缩编的命令》。从此，军工队伍轻装上阵，只携带简单的工具随军修理枪械。漫漫征途上，每当部队宿营，他们就架起门板或用马鞍子拼组工作台，开始修理枪械。过草地时，野菜被吃光，他们就用随身携带的钢丝制成鱼钩，钓鱼充饥。这样艰难的条件下，铅印机扔了，铅活字扔了，石印机扔了，石印版也扔了，但最简便的油印机还是被保留了下来，跟着长征的部队，走完了二万五千里。为什么战士们连生命都愿意抛弃，誓

当年印刷《红星》报的手滚油印机

死也要背着印刷机长征呢？

毛泽东说过："长征是宣言书，长征是宣传队，长征是播种机。"为了更好地完成宣传任务，提高机动性和灵活性，此时红军的宣传工作，必须因陋就简、因地制宜。所以，油印是最为轻便灵活的印刷方式。它只需要一支铁笔，就可以刻蜡纸制印版。它既可以印刷传单、宣传政策聚民心，也可以印刷报纸、鼓舞士气打击敌人。

《红星》报创刊于1931年12月11日，由中国共产党中央革命军事委员会总政治部（后改称中国工农红军总政治部）编辑出版。在红军长征中，《红星》报是中共中央、中央军事委员会的唯一报纸，也是迄今为止发现的当时唯一以公开文字形式记录红军长征的原始资料。在极为艰苦的条件和极其险峻的形势下，《红星》报及时地传达了战略部署与战斗指令，宣传了共产党的路线、方针和政策，详细报道了长征途中红军进行的战役战斗等消息，记载了许多重大的历史事实。

长征途中，红军文书科的同志，白天随着部队行军，但一到驻地，顾不上人困马乏，将铁皮箱子一放便是桌子，背包一坐便是凳子，从总政治部宣传部接过稿件，即开始刻印起来。大约三个小时左右，版面刻好，再交给负责油印的同志印刷。全部报纸印好之后，交给总政治部出版发行科分发。

报纸最初使用从苏区带来的毛边纸，用完后，大家就因地制宜找纸源。长征中，物资极度匮乏的红军宣传战士们还曾发行过"叶报"，就是拿树叶当纸进行宣传。他们用一台油印机、几盒油墨、几筒蜡纸、几块钢板、几支铅笔和一些毛边纸等，就这样一直坚持印刷出版《红星》报，刻印出长征路上的新闻传奇。

99　王选与汉字激光照排系统

"只要我们还读书看报，就不应该忘记王选。"王选（1937—2006）是当代中国著名的计算机专家，是汉字激光照排系统的发明者。他开启了汉字印刷业数字化的进程，为汉字的信息化插上了腾飞的翅膀，让古老的汉字在新时代焕发出蓬勃的生机和活力。他也因此被誉为"当代毕昇"。

1946年，第一台计算机诞生，英文字母进入了计算机时代。当A、B、C、D在计算机屏幕中演绎着种种奇迹时，中国的汉字却因为字量庞大、笔画众多，很难实现计算机技术在中国的传播和发展。彼时的汉字正处在进退两难的尴尬境地：进，则海量汉字信息的存贮和处理是一道难以

逾越的天堑；退，则汉字印刷将继续在"铅与火"的世界中挣扎，继续制作字模、生产铅字，继续使用劳动强度大、排版周期长的铅印。

自20世纪70年代开始，王选和他的科研团队针对汉字字形信息庞大、当时计算机容量有限、难以存储的难

王选夫妇手持排版胶片

关，发明了高分辨率字形的高倍率信息压缩技术，使汉字字形信息压缩达 500 倍，信息压缩量处于当时世界最高水平；其使用控制信息（参数）描述笔画特性、以保证字形变倍和变形后质量的方法属世界首创，比西方提前 10 年左右。王选还发明了适合硬件实现的、失真最小的高速还原汉字字形算法。上述技术获得 1 项欧洲专利和 8 项中国专利，这也是中国获得的第一个欧洲技术专利。后来他又设计出一种加速字形复原的超大规模专用芯片，实现了高速和高保真的汉字字形复原和变倍、变形，使复原速度上升到 710 字 / 秒，达到当时汉字输出的世界最快速度。

汉字激光照排系统这一成果不仅风靡全国，还出口到日本和欧美等发达国家，引发了中国报业、印刷出版业，以及全球华文报业的技术革命，彻底淘汰了中国已使用了

百年的铅字印刷。更为重要的是，这一成果为汉字信息的计算机处理奠定了重要基础，为中华文化在信息时代的传承与发展创造了条件。

1991 年，王选当选为中国科学院院士，1994 年当选为中国工程院院士，2002 年 2 月 1 日获得 2001 年度国家最高科学技术奖。2006 年 1 月，王选在去世前一个月为《科技日报》成立 20 周年写下他人生的最后一幅题词："科教兴国、人才强国"。这 8 个字正是他践行一生的写照。

100 "印刷术传播大使"——纸牌

纸牌的鼻祖据推测是出现在 9 世纪唐代的一种骰子游戏——"叶子戏"。唐代已出现有关"叶子戏"的专著《叶子格戏》。最早的"叶子戏"玩法今天已经不可考，但它可能是纸牌和麻将的共同始祖。13 世纪前后，随着蒙古西征和十字军东征两大事件的交汇，欧亚之间发生了密切的交流，十字军将东方的印刷品带回了欧洲，其中就有老少咸宜、中西皆爱的印刷品——纸牌。14 世纪下半叶，德国、西班牙、卢森堡、意大利、法国相继出现纸牌。

意大利作家瓦莱尔扎尼（Valere Zani，？—1696）曾指出："当我在巴黎的时候，曾任法国驻巴勒斯坦传教士的修道院院长特雷森给我看了一盒中国牌。他告诉我，威尼斯人是最先把纸牌从中国带到威尼斯的人，这个城市也是欧洲第一个知道纸牌的城市。"所以，毫不起眼的纸牌可以说是曾经丝绸之路上风靡一时的商品、传播印刷术的中介、东西方文明交流互鉴的使者。

1975 年，德国学者冯·柯克博士在新疆吐鲁番的一座古墓中发现了一张博戏叶子，收藏于德国柏林东亚艺术博物馆所属的民俗博物馆。托马斯·弗朗西斯·卡特在《中国印刷术的发明和它的西传》中认为这是 14 世纪的印刷品，纸牌呈狭长形，绘有穿着盔甲的武将形象，上印有"管换"，下印有"贺造"字样。"管换""贺造"是当时印制纸牌者的广告，是为了扩大纸牌的销售所精心设计的"金句"。它有力地证实了中国纸牌的源远流长。

吐鲁番是古代丝绸之路的重镇。这里出土的中国印刷品，其作为丝路印刷技术传播使者的重要价值不言而喻。此外，这张纸牌上所印的盔甲武将形象，与现代纸牌的武将形象十分接近，这是目前能见到的世界现存最早的纸牌的具体物像。中国明代的"叶子戏"也是以威风凛凛的武将形象为主，包括宋代的宋江、武松、李逵、史进等梁山好汉形象。

管换贺造纸牌，约为 1400 年前后，新疆吐鲁番出土，现收藏于德国柏林东亚艺术博物馆所属的民俗博物馆

通过文明的交流互鉴，世界各地发展出了拥有地域特色的纸牌。早期欧洲并无印刷术，所以纸牌由纯手工绘制，纸张精良、绘图精美的纸牌价格非常昂贵，只有王公贵族才能玩得起。手工绘制的纸牌甚至经常被作为结婚或其他正式场合的礼物。欧洲出现雕版印刷技术之后，很快就应用到了纸牌印制中。甚至有学者研究指出，纸牌是最早在欧洲出现的印刷品，比宗教领域的印刷应用还要早。1418—1450 年间，德国的乌尔姆、纽伦堡和奥格斯堡出现了专门从事纸牌制作的印刷厂，大量印制纸牌。

到 15 世纪中期，雕版印刷术在欧洲已相当普遍了。有意思的是，由于外国的纸牌被大量倾销到意大利各地，为保护威尼斯印刷行业的领先优势，威尼斯市政府不得不在 1441 年颁布一条法令，禁止威尼斯以外地区的印刷品输入本城。

2016 年，纽约大都会艺术博物馆修道院分馆推出专题展览"游戏的世界：奢华的卡片 1430—1540"。展览展出了该馆收藏的从中世纪晚期到近代早期欧洲不同国家的纸牌，包括欧洲现存最早的印刷纸牌，由德国著名的匿名大师——"The Master of the Playing Cards"于 1435—1440 年印制。在展览介绍中，策展人认为纸牌是文艺复兴时期人文主义传播的重要载体。

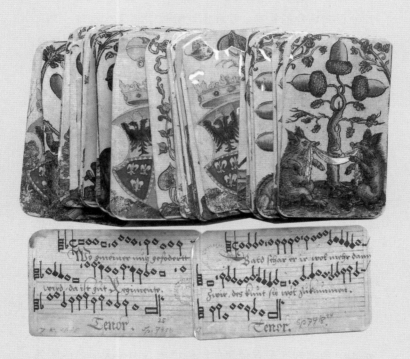

大约 1545 年，由德国版画家 Peter Flötner 制作的纸牌，采用木版印刷和彩绘结合的方法。现藏于纽约大都会艺术博物馆修道院分馆

参考资料

1. 李英：《中国彩印二千年》，江西科学技术出版社，2009年版。

2.[西] 门多萨：《中华大帝国史》，孙家坤译，中央编译出版社，2009年版。

3. 雨田：《阿尔巴尼亚的文字》，《文字改革》1963年第9期。

4. 中华人民共和国对外文化联络局：《阿尔巴尼亚最古的作品弥撒经文》，中华人民共和国对外文化联络局，1955年版。

5. 陈力丹、黄昭华：《从严控封锁走过来的阿尔巴尼亚新闻传播业》，《新闻界》2016年第21期。

6. 沙拉兹利、杨成绪：《阿尔巴尼亚人民的报纸》，《新闻战线》1958年第6期。

7.[奥] 埃·普里斯特尔：《奥地利简史》，陶梁、张傅译，生活·读书·新知三联书店，1972年版。

8. 齐洪洲：《中国邮票设计艺术发展研究》，陕西师范大学2017年博士毕业论文。

9. 甘惜分：《新闻学大词典》，河南人民出版社，1993年版。

10. 莫风：《爱沙尼亚报纸头版集体"开天窗"》，《青年参考》2010年3月23日。

11. 李玉峰：《芬兰造纸：欧洲纸浆、纸张重要的生产国和出口国》，《中华纸业》2017年第21期。

12.马克思、恩格斯：《马克思恩格斯文集（第 1 卷）》，中共中央马克思恩格斯列宁斯大林著作编译局编译，人民出版社，2009 年版。

13.https://www.bl.uk/collection-items/the-communist-party-manifesto

14.Beamish R，"*The making of the Manifesto，*" *Socialist Register* Vol.34（1998）.

15.吴永贵：《中西相遇：西式中文活字的技术社会史考察》，《中国出版史研究》2019 年第 1 期。

16.Robert Ulich, *History of Education Thought*, American Book Company, 1945.

17.Anthony Niseteo，"*The First Press in Croatia，*" *The Library Quarterly* Vol.3（1960）.

18.马克思、恩格斯：《马克思恩格斯全集（第 41 卷）》，编译局译，人民出版社，1982 年版。

19.Manuel José Quintana, *Poesías*, Imprenta Nacional (Madrid), 1813.

20.孙宝国、郭丹彤：《论纸莎草纸的兴衰及其历史影响》，《史学集刊》2005 年第 3 期。

21.王明美：《迅速发展的利比亚教育》，《阿拉伯世界》1984 年第 4 期。

22.联合国教科文组织国际教育发展委员会：《学会生存——教育世界的今天和明天》，上海师范大学外国教育研究室译，上海译文出版社，1979 年版。

23.陈登原：《陈氏高中本国史》，世界书局，1933 年版。

24. 沈索超、黄雅琳：《非洲华文媒体视角下的中国文化传承——以南非华文媒体为例》，《文化与传播》2019 年第 8 期。

25. 方盛岱、张在健：《新华人的海外梦》，《印刷经理人》2016 年第 1 期。

26.［美］沃尔特·艾萨克森：《富兰克林传》，孙豫宁译，中信出版社，2015 年版。

27.http://www.linotype.org/

28.Gilberto Cotrim, *História Geral para uma Geração Consciente*, Editora Saraiva, 1994.

29. 陈力丹：《世界新闻传播史》，上海交通大学出版社，2016 年版。

30.Reporter, "*SLAYER OF BELTAN PRISONER AFTER DUEL; Victim's Body Lies in State-Uruguayan Politics in Ferment*," *The New York Times* Apr.4, 1920.

31.［委内瑞拉］奥古斯托·米哈雷斯：《解放者玻利瓦尔》，杨恩瑞、陈用仪等译，中国对外翻译出版公司，1984 年版。

32. 陈力丹、张佳乐：《委内瑞拉民营新闻传播业与另类媒体的发展史》，《新闻界》2015 年第 3 期。

33.［波斯］拉施特：《史集》，余大钧译，商务印书馆，1986 年版。

34. 卢镇：《犹太人对意大利文艺复兴的贡献》，《历史教学》2011 年第 11 期。

35. 卢镇：《犹太外衣下的文艺复兴人文主义》，复旦大学2013 年博士毕业论文。

36.马晓霖、高杰:《与国家共同成长的约旦新闻传播业》，《新闻界》2018 年第 4 期。

37.王以俊:《老挝新闻出版印刷业概况》，《印刷世界:东南亚之窗》2005 年第 7 期。

38.贾春燕:《巴基斯坦语言生态及语言政策研究》，《外国语言与文化》2020 年第 2 期。

39.周旋:《〈辩正教真传实录〉初探》，北京外国语大学 2019 年硕士毕业论文。

40.张恩强:《基督教在暹罗早期传播研究（1828-1868）》，福建师范大学 2016 年硕士毕业论文。

41.吴格言:《文化传播学》，解放军出版社，2006 年版。

42.Samuel Weller Singer, *Playing Cards; Origin of Printing*, T. Bensley and Son, 1816.